有機農業は
こうして広がった

人から地域へ、
地域から自治体へ

谷口吉光
編著

有機農業
選 9 書

コモンズ

はじめに

身の回りで「有機」「無農薬」「オーガニック」という言葉を聞く機会は多い。ためしにインターネットで「有機野菜　宅配」と検索してみたら三七〇万件もヒットした。もちろん、このなかには重複したり、無関係な記事も含まれているわけだが、それでも三七〇万というのはとんでもない数字だと思う。

あるいは、テレビや新聞で、農村に移住して農業を始める若者やシニア世代のニュースを見るのも普通のことになってきたが、そうした就農者の多くは有機農業や無農薬栽培を行っている。家庭菜園や市民農園で野菜を育てている人も、化学肥料は使ってもほとんど無農薬だろう。自分や家族の口に入る野菜には農薬を使いたくないというのが人間の正直な気持ちだからだ。

そういう生活実感をもとにすると、有機農業はかなり広がっているような気がするのは私だけではないだろう。実際、授業で大学生に「日本の農地面積に占める有機農業の割合はどのくらいだと思う?」と聞くと、五%、一〇%、なかには二〇%という答えが返ってくる。ところが正解は〇・六%。「一%もないんだよ」と言うと、学生は一様に「ええっ」という顔をする。

生活実感では有機農業は広がっているように感じるのに、統計上では有機農業は広がっていない。このギャップはどこから来るのだろう。これまでほとんどの人は「統計データが正しい」と考えてきた。だから日本では「有機農業は広がっていない」という通説が長い間信じられてきた。

本書はこの通説に挑戦する。確かに、農地面積や農家の数で見れば、有機農業は広がっていないように見える。しかし、それは農地面積や農家戸数を物差しにして考えているからだ。

私の専門は社会学である。私は社会学者として、有機農業をひとつの社会現象という物差しで見ている。「有機農業」という言葉を使って人びとがつながったり、集まって行動を起こしたり、さまざまな主張をしたりすることすべてを有機農業と見なすということである。

この視点に立って見ると、日本で有機農業はさまざまな形で広がっていることがわかる。第1章では、有機農業を「運動としての有機農業」「ビジネスとしての有機農業」「思想としての有機農業」「政策としての有機農業」という四つのグループに分けてみた。

このような有機農業の広がりを説明するために本書では「有機農業の社会化」という新しい考え方を提案した。ポイントを一言でいえば、「有機農業はその価値と機能によって広がる」ということである。この考え方は、「有機農業は経済と技術によって広がる」という、これまで主流だった「有機農業の産業化」という通説に対する反論でもある（詳しくは第1章参照）。

さて、興味深いことに、二〇〇〇年代以降の特徴として、前述の四分類のうち、「政策としての有機農業」が地方自治体に広がりつつある。有機農業を政策に取り入れるということは、有機農業が何らかの公共的価値をもっていることを示唆している。

本書ではこうした関心に立って、「有機農業のまち」として有名な四つの市町村を対象に、有機農業がどのように広がったのかというプロセス（過程）を詳しく分析した。四カ所とは千葉県いすみ市、岐阜県白川町、山形県高畠町、大分県臼杵市である。このなかで高畠町は五〇年の有機農業運動の歴史がある先進地域だが、それ以外は二〇〇〇年以降に取り組みが活発になった新しい自治体である。

本書の第2章から第5章までがこの四事例の報告である。第6章では、事例報告を執筆したメンバー（吉野隆子、藤田正雄、谷口吉光）を中心に座談会を収録し、調査で明らかになった四事例の共通点や相違点について自由に議論した。第1章から第6章までが本書の第Ⅰ部である。

さて、私たちの共同研究を進めていた二〇二一年一月、農林水産省が突如「みどりの食料システム戦略」（以下、みどり戦略）を打ち出した。みどり戦略は「有機農業の面積を二〇五〇年までに一〇〇万ha（全農地の二五％）に大幅拡大する」など、それまでの日本農業の常識を覆し、有機農業の位置づけを大きく変える内容を含んでいた。

「有機農業の社会化」という考え方はみどり戦略以前の社会情勢に基づいていたため、みどり戦略に対してこの考え方がどんな意味をもつのかをもう一度考える必要が出てきた。そこで、新たに第Ⅱ部の第7章から第10章を設け、みどり戦略以降の文脈で「有機農業の社会化」の意義と課題を検討した。

本書は、文部科学省から研究費の助成を受けて二〇一八年度から二一年度まで行った「地域に広がる自然共生型農業の展開論理に関する研究——機能と価値転換による分析」という共同研究（基盤研究（C））の成果である。メンバーには龍谷大学の西川芳昭（よしあき）さんのほかに、各地の有機農業の動向に詳しい大江正章（ただあき）さん（故人）、吉野隆子（たか）さん、藤田正雄さん、長谷川浩（ひろし）さんに参加していただいた。

調査は事例ごとに一泊二日で行い、事前に用意した質問に従ってキーパーソン数名からお話を伺った。音声データをそのまま文字起こししたテキストをメンバーで共有し、それを使って原稿を執筆した。ただし臼杵市についてはコロナ禍のために現地調査が行えず、オンライン調査に切り替えざるを得なかった。調査には都合がつくメンバー全員が参加。研究者と実践者は視点が違うため、毎回活発な議論が交わされ、全員にとって大きな刺激と発見があった。また有機農業に関心をもつ若い研究者や実践者に調査にオブザーバー参加してもらい、そのなかから谷川彩月（たにかわさつき）さんと中川恵（めぐみ）さんにはコラムを書いていただいた。

各章の文体は執筆者それぞれの経歴や考え方を反映してバリエーション（多様性）がある。一般の研究書のような統一性はないが、意見や文体の違いを楽しんでいただければ幸いである。最後に、調査に協力してくださったいすみ市、白川町、高畠町、臼杵市の方々に心からお礼を申し上げたい。ささやかだが、本書が皆さんの思いと苦労を多くの人に知ってもらえる一助になればと願っている。

二〇二三年一月

谷口吉光

有機農業はこうして広がった ● もくじ

第 I 部

地域に広がる有機農業

第1章 有機農業の広がりと「有機農業の社会化」

谷口吉光

1 「有機農業は広がっていない」という主張の根拠

「日本では有機農業は広がっていない」といわれることが多い。その根拠とされるのは有機農家戸数と栽培面積で、どちらも農林水産省（以下、農水省）が公表している統計データに基づいている。有機農家戸数から見てみよう。**図1―1**は二〇〇九年度から二〇年度までの有機JAS認証を取得した農家戸数を表している。一一年度に四〇〇九戸と四〇〇〇戸を超えたが、その後は三七〇〇〜三八〇〇戸の間を行き来していて全体としては横ばいである。この数字を見れば、確かに有機農家は増えていない。

次に面積を見てみよう。**図1―2**は**図1―1**と同じ時期の有機農業の取組面積の推移を示したものだ。有機JAS認証を取得している農地と取得していない農地を合わせると、二〇一〇

図1－1　全国の有機JAS認証取得農家戸数の推移

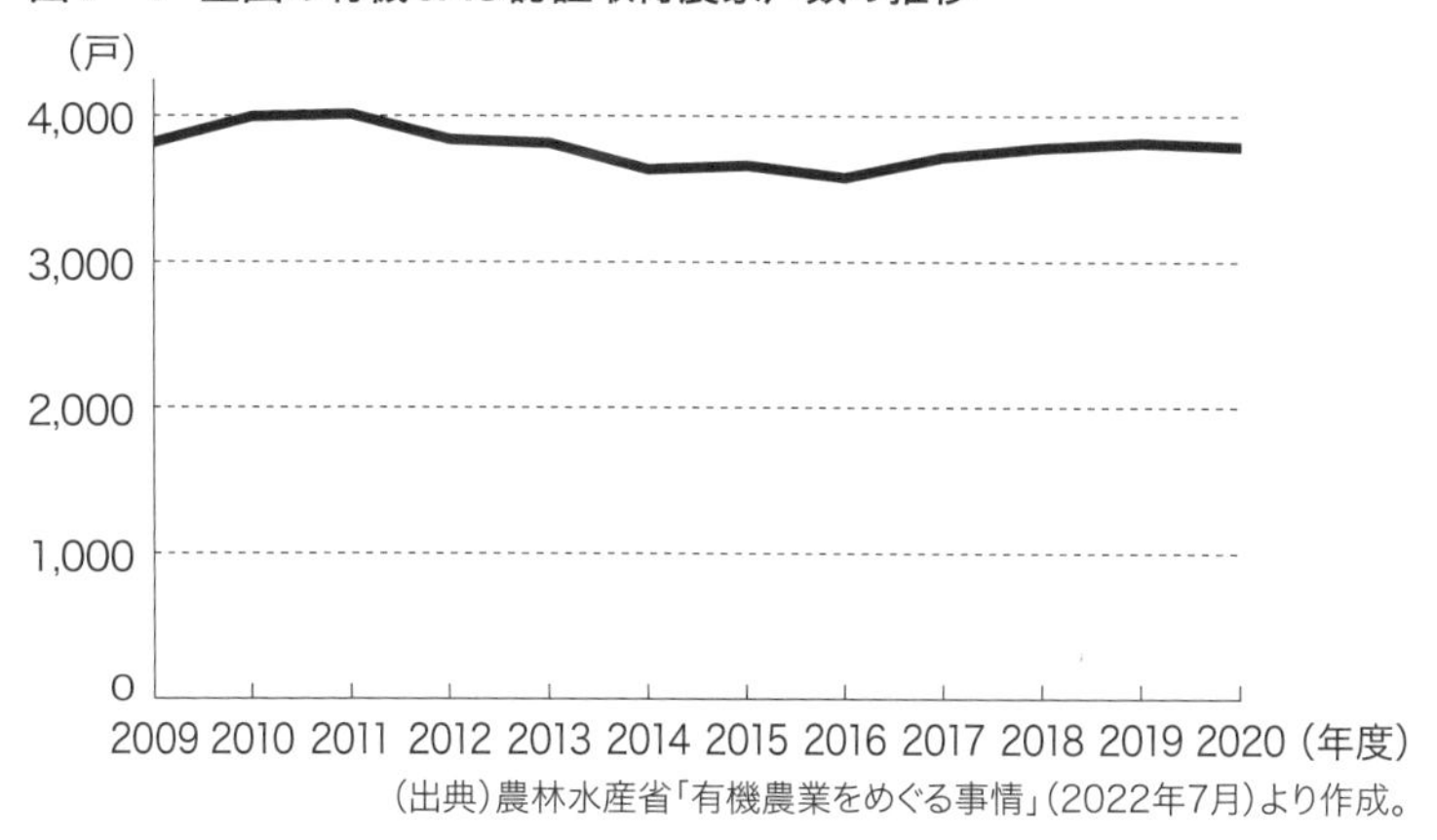

（出典）農林水産省「有機農業をめぐる事情」（2022年7月）より作成。

図1－2　日本の有機農業の取組面積の推移

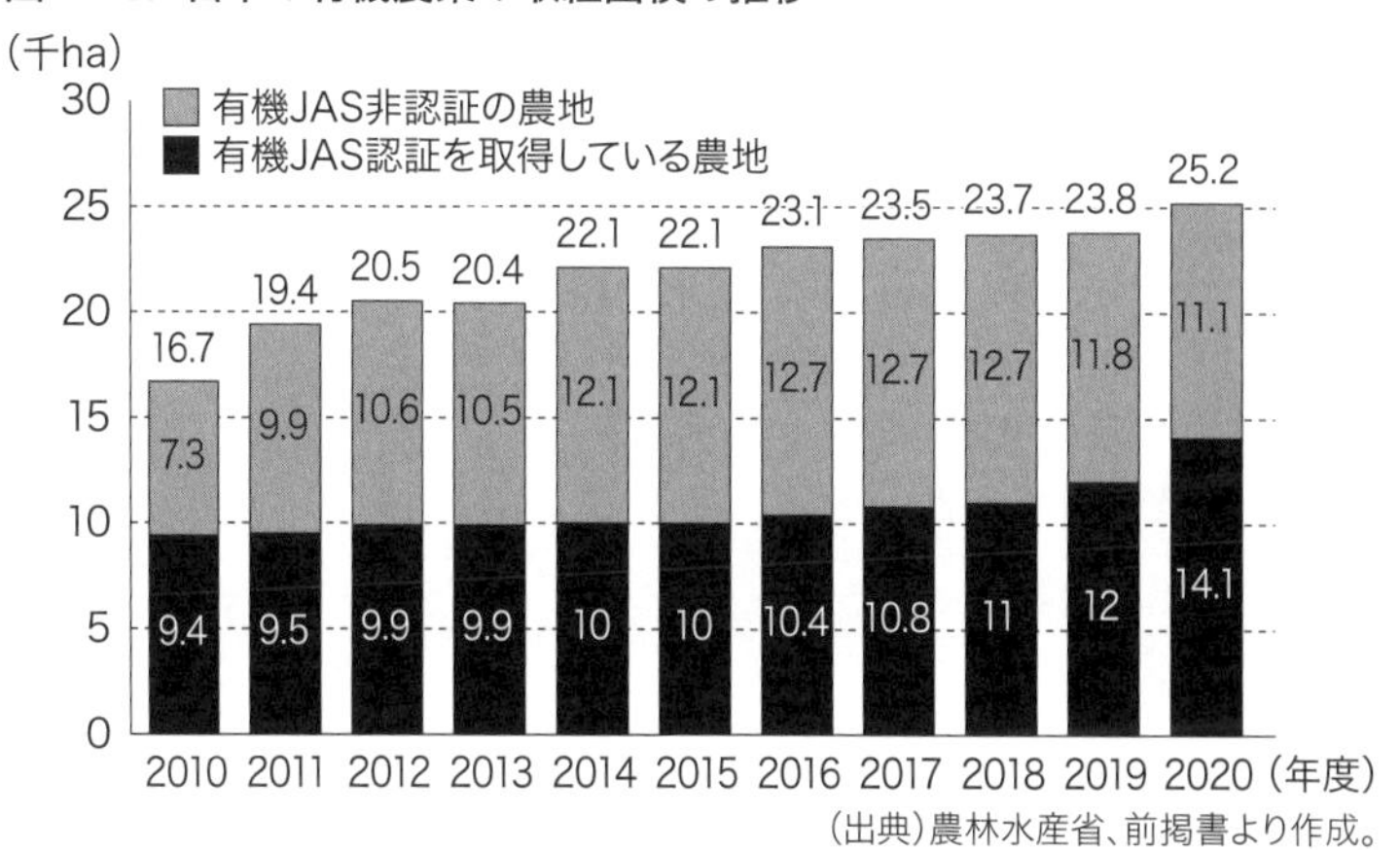

（出典）農林水産省、前掲書より作成。

年度に約一七〇〇〇haだったのが二〇年度には約二五〇〇〇haに増えている。その増加率を計算すると五〇%となるから大きく増えたともいえるが、日本の耕地面積全体に占める割合で見れば〇・四%から〇・六%へとわずかな増加にとどまっている。この〇・六%という数字は有機農業の停滞を示すデータとしてよく使われる。

この二つの数値は農水省の公式な統計データなので間違いはないが、これに基づいて「日本では有機農業は広がっていない」と断定するのは早計だと私は主張したい。その理由は二つある。

第一は統計の限界である。一口で有機農業といっても実態はものすごく多様で、統計で捉えきれない事例が山のようにあるからだ。そもそも日本では有機農業の法律上の定義が二つもある。一つずつ確認してみよう。

一つめが二〇〇六年に制定された有機農業推進法（以下、推進法）に基づく定義で、有機農業は「化学肥料、化学農薬と遺伝子組み換え技術を使わない農業」とされている。もう一つの定義は有機ＪＡＳ認証制度で、ここでは「農薬と化学肥料を二年間（果樹など多年生のものは三年）使わなかった農地から収穫された農産物」を「有機農産物」と表示してよいとされている。つまり、推進法では農薬、化学肥料と遺伝子組み換え技術を使わずに作物を育て始めたら、すぐにそれを有機農業と呼んでいいのだが、有機ＪＡＳ認証制度では、有機農業を始めてもすぐには有機農業と認めてもらえず二～三年間続けてからようやく認められるのである。

有機ＪＡＳ認証制度にはもう一つ「第三者認証機関による認証」という条件がある。「自分は三年間有機農業をやってきた」と農家が自己申告するだけでは認められず、専門の認証機関に費用を払って書類を作成し、審査を受けて初めて有機農産物と認められるのだ。

有機農家の多様な形態

このように、有機農業には二つの法律的な定義がある。ところが、農水省が有機農業の統計で使っているのは有機ＪＡＳ認証を取得した農家数や農地面積である。これは認証機関を通して農水省が正確な数字を毎年把握できる、つまり統計をとるために都合がいいからである。

それでは推進法の定義に基づいて統計をとればどうなるのだろうか。有機農業をやっていても有機ＪＡＳ認証を取得していない農家も多い。ただ、その数を正確に把握するのはとても難しい。なぜなら有機農業の実態はかなり多様だからだ。

有機農家と聞くと、自分の農地すべてで有機農業をやっている農家だと思うかもしれないが、一人の農家が有機農業と慣行農業（農薬や化学肥料を使う農業）を両方やっている場合もあれば、販売用の農産物には農薬を使っても自分が食べる分には使わないという農家も多い。収穫した農産物を販売している農家もいれば、自分が食べる分だけを栽培している自給農家もいる。今年は有機農業をやったが、来年は慣行農業に戻す場合だってある。このように有機農家の人数や農地面積を正確に集計するにはとても手間がかかり、実際には不可能といえる。

農水省がその不可能に近い調査を行ったことがある。**図1―2**をもう一度見てほしい。「有機JAS認証を取得している農地」の上に「有機JAS非認証の農地」という数値がある。これは二〇一〇年度に全国各地で行ったサンプル調査の結果をもとに推計した数値だ。推計値なので正確な数値とはいえないが、非認証農地の面積は有機JAS認証取得面積より多いことは確かなようだ。農水省は約一・一倍と推計しているが、前提条件を変えればもっと増えるだろう。それ以上のことはわからない。有機農家の人数や農地面積を正確に把握するのはそれほど難しいということを示す一例である。

2 有機農業を社会現象として見る

農水省のデータをもとに「有機農業は広がっていない」と断定するのは早計だと考える第二の理由はもっと根本的なものだ。「有機農業の実態を農家数や農地面積だけで把握するという考え方そのものが狭すぎるのではないか」という疑問である。農水省は日本農業を振興するための機関なので、有機農業を農家数や農地面積の増減で把握しようとするのは理解できるが、もっと別の見方があってもいいのではないか。

私の専門は社会学だ。社会学者は人間の相互作用（人間関係や、人と人の間のやり取り）によって起こる出来事（社会現象）を研究する。私は有機農業を一つの社会現象として見ている。

これが農学者なら、作物の栽培方法に注目して、「有機農業とは農薬や化学肥料を使わない農業だ」と定義するかもしれない。それはそれで理解できる。

しかし、社会学者は違う見方をする。「有機農業」という言葉を使って人びとがつながったり、集まって行動を起こしたり、さまざまな主張をしたりすることすべてを「有機農業」(正確にいえば「有機農業に関連した社会現象」)だと見なすのである。本書の「はじめに」で「身の回りで『有機』『無農薬』『オーガニック』という言葉を聞く機会は多い」と書いたが、多くの人が有機農業に関心をもち、語り合ったり、行動したりすること全体を有機農業だと考える。これが私の見方である。

推進法によって進んだ有機農業の共有財化

私の視点から見ると、推進法以降の政策を通じて有機農業は特別なものではなくなり、誰でも自由にアクセスして利用できる「共有財」のようなものになった。それだけでなく、有機農業には「体によい」「自然・環境によい」「安全」「美味しい」という前向き(ポジティブ)なイメージが定着してきた。若い世代は「有機農業」の代わりに「オーガニック」という言葉を好んで使うが、この言葉には前向きなイメージが一層強く込められている。

こうした潮流に乗って、有機農業に関心をもち、活用しようと考える人が増えてきたのは自然な流れである。実際に若い世代の間で、有機農業、オーガニックや自然農法などの言葉を自分たち独自の意味を込めて、自由で気軽に使っている光景に出会うことが多くなった。

この二つの特徴（すなわち有機農業の共有財化とそれを活用しようとする人びとの増加）は、結果として有機農業の飛躍的拡大と多様化をもたらしている。一方では、大きな需要増加を見込んだ産業化の動きが進むとしても、他方では有機農業を活用した中小規模の加工や流通、地域おこしなどの取り組みが全国で広がっていくだろう。そのなかから持続可能性、社会的正義や倫理的（エシカル）消費などの社会的テーマを掲げた運動も生まれてくるはずだ。その全体像はまだ見えないが、欧米で二〇〇〇年代以降起こっている「オーガニックムーブメント」のような巨大なうねりになる可能性だってある。(1)

そうした視点から考えると、有機農業の形が全国一律に決まっているとは思えない。多種多様な人びとが「自分が考える有機農業はこうだ」と主張し合い、行動しているように見える。いわば「さまざまな有機農業」があるといえよう。推進法や有機ＪＡＳ認証制度の定義もそのなかの一つのように見える。

有機農業の四つのグループ

「さまざまな有機農業」というだけではとりとめがないので、議論を進めるために内容によっていくつかのグループに分類してみよう。

①運動としての有機農業

私の目から見て最も大きいのは「運動としての有機農業」というグループだ。ここでの「グループ」は一つの組織にまとまっているという意味ではない。現実には無数の個人や団体がそれぞれ自立して活動しているのだが、「有機農業を通して社会を変えたい」という点で共通しているので、このグループを「運動としての有機農業」と呼ぶことにする（ここでいうグループという言葉の使い方は、天文学者が星々のまとまりを「星雲」とか「銀河」と呼ぶのと似ている）。

②ビジネスとしての有機農業

次に大きいのは、経済活動として有機農業に取り組むグループで、これを「ビジネスとしての有機農業」と呼ぶことにする。有機農業が広がるには農産物が消費者の手に渡らなければならない。そのためには農家と消費者をつなぐさまざまな流通の仕組みが必要になる。有機農業運動のなかから生まれた産消提携や産直などは重要だが、それ以外にも卸売市場（おろしうり）、卸や八百屋、スーパーマーケット、自然食品店、コンビニ、ネット販売、マルシェ（市場）まで新旧数多くの形態がある。

「運動としての有機農業」に取り組む人のなかには、「ビジネス」と聞いて「金儲けのために有機農業を利用している」と眉をひそめる人もいるかもしれないが、ここでは「ビジネス」という言葉をもっと広く、たとえば「売り買い」という言葉と同じように捉えたい。有機農家も生活するために何らかの形で農産物を販売してお金を稼がなければならないのだから、誰でも「ビジネスとしての有機農業」を行っているといえる。こう考えると「運動としての有機農業」

と「ビジネスとしての有機農業」は大きく重なっていると考えるのが現実的である。

③思想としての有機農業

三つめに「思想としての有機農業」がある。これは人間にとって有機農業がどんな意味をもつかに関わってくる。有機農業に携わる人は、農家であろうと消費者であろうと、誰でも「なぜ自分は有機農業に取り組むのか」という何らかの理由をもっているはずだ。その理由を総称して「思想」と呼ぶことにする。思想と聞くと難しいもののように思えるかもしれないが、「農薬を使わない野菜を食べたい」「オーガニックな生き方をしたい」という単純な（シンプルな）考えや思いでも、その人を動かしているのなら立派な思想だと呼べる。このように思想という言葉を広く捉えれば、有機農業に関わる人の数だけ「思想としての有機農業」があるといっても大げさではない。

④政策としての有機農業

四つめは、本書のテーマにも関係するが、国や地方自治体（都道府県や市町村）が行う「政策としての有機農業」である。これは、国や地方自治体が何らかの理由で「有機農業は重要だ」と考え、法律や条例などの法制度を作ったり、補助金を使ったりして有機農業を広げようとすることをいう。国でいえば、推進法や有機ＪＡＳ認証制度は「政策としての有機農業」であるし、二〇二一年に策定された「みどりの食料システム戦略」（二〇二ページ参照。以下、みどり戦略）で「五〇年までに有機農業の面積を一〇〇万haに広げる」という目標も「政策としての有機農業」に含まれる。

以上、有機農業を社会現象として捉えると何が見えてくるかを説明してきたが、この視点から見ると、有機農業は社会のなかで大きく広がっていることが理解できたのではないだろうか。このほうが私たちの日常感覚（肌感覚）で感じる有機農業の実態に近いと思う。有機農業を農家だけに限定せず、有機農業に関心をもつすべての人びとを含めて考えているからだ。この見方からすると、化学肥料や農薬を使っているかどうかは大した問題ではない。肝心なのは「有機農業」という言葉を使って人びとが自分の考えを語り、行動し、関係をつくっているという事実があるということなのだ。たとえば私と共同研究のメンバーが有機農業に関するこの本を書いたことも、あなたが読者としてこの本を読んでいることも有機農業という社会現象の一部だと考えるのである。

本書における有機農業の定義

さて、これまで有機農業を社会学的に定義し直したわけだが、「有機農業という言葉を使っている社会現象を有機農業と呼ぶ」というだけでは、論理学でいうトートロジー（同語反復）であるとの批判を免れないだろう。実際に本書で提案している有機農業の社会学的定義は、さまざまな場面で「有機農業」という言葉が使われるとき、広義であっても何らかの共通する意味が込められていることを前提としている。

ただし、有機農業は多面的な性格をもっているので、この「共通する意味」を短い言葉で言い当てることは難しい。有機農業の多面性をよく表している定義として、国際有機農業運動連盟（ＩＦＯＡＭ）が二〇〇八年に定めた定義を紹介しよう。

「有機農業は、土壌・自然生態系・人々の健康を持続させる農業生産システムである。それは、地域の自然生態系の営み、生物多様性と循環に根差すものであり、これに悪影響を及ぼす投入物の使用を避けて行われる。有機農業は、伝統と革新と科学を結び付け、自然環境と共生してその恵みを分かち合い、そして、関係するすべての生物と人間の間に公正な関係を築くと共に生命（いのち）・生活（くらし）の質を高める」[2]

この定義は有機農業の多面的で包括的な性格をよく表している。まず、持続可能性が最も重要とされていること（言い換えると、生産性重視ではない）。土と自然生態系と人間の健康が切り離されずに結びつけられていること。地域の生物多様性と循環を前提としていること。伝統と革新と科学を結びつけること（単なる伝統回帰主義でも科学万能主義でもない）。生物と人間の間に公正な関係を築くこと（生物と人間の関係を見る際に倫理的視点が入っている）。生命と生活の質を高めること（効率性や経済性重視ではない）。そして、これらの条件の一部を満たせばいいのではなく、すべてを考慮しなければならないこと。

このような有機農業の原則に基づいて、単一作物の大規模生産（モノカルチャー）でなく遺伝的に多様な作物を栽培する、作物栽培に家畜を取り入れる（有畜複合経営）、農村景観や農村文化を保全する、大都市集中型ではなく自立分散型社会を目指すなどの方向性が生まれてくることになる。

　本書で有機農業というとき、おおむねこのような意味を込めている。また「自然農法」「オーガニック」「自然循環型農業」「不耕起栽培」「サステナブル農業」など有機農業に類似した言葉はいろいろあるが、そこに有機農業と共通する意味があると思われれば、それらを「有機農業」と同じ（あるいはその仲間）だと見なしていいと考えている。

3　有機農業が地方自治体に広がりつつある理由

　さて、これまで有機農業の社会学的な見方について説明してきたが、次に有機農業が地方自治体に広がりつつある理由について説明しよう。繰り返し述べてきたように、有機農業を社会現象として見ると有機農業は大きく広がっていると考えることができる。そのなかでも、とくに二〇〇〇年代以降の特徴として、「政策としての有機農業」が地方自治体に特色あるやり方で広がりつつあるという点が注目される。

　その状況を大づかみに理解するために**表1―1**を作成した。これは有機農業が果たしている「機能」に注目して、地方自治体が有機農業を政策に取り入れている事例を分類したものである。ただ、誤解を招かないようにいくつか注意をしておきたい。

第一に、この表では一つの自治体の取り組みのなかから特徴的だと思われる機能一つを選んで分類しているが、現実には一つの自治体が二つ以上の有機農業の機能に注目している例が多い（表の一番下に「複合型」と書いたが、実際にはほとんどの例が複合型だといっていい）。第二に、有機ＪＡＳ認証を取得した農家数や面積で見ると小規模な、あるいはほとんど数字に表れないような事例も含まれている。言い換えると、農水省の統計に表れる有機農業と、社会現象としての有機農業のギャップが大きい事例もあるということである。第三に、この表は全国の事例を網羅的に収集したものではないので、抜けている事例も多い。第四に、この表では市町村を中心に取り上げているが、兵庫県や島根県のように都道府県が特色ある有機農業に取り組み、その関連で市町村が有機農業を取り入れている例がある。いずれにせよ、この表は地方自治体が政策として有機農業を取り入れている事例の多様性を示すための資料である。

有機農業が果たしている機能

以上の前置きをしたうえで**表１―１**について説明しよう。有機農業が果たしている機能として「中山間地の営農継続・移住促進」というのは、新規就農や農的暮らしを希望して中山間地に移住する「田園回帰」の流れを政策に取り込んで、中山間地の地域存続に結びつけようという取り組みである。農村移住希望者には有機農業に関心のある人が多いということはさまざまな調査で指摘されている(3)。

表1—1　有機農業の地方自治体への展開事例（機能による分類）

有機農業が果たしている機能	事例名・地域名
中山間地の営農継続・移住促進	浜田市（島根県）、西予市（愛媛県）、喜多方市（福島県）など
野生生物との共生	豊岡市（兵庫県）、佐渡市（新潟県）、大崎市（宮城県）など
学校給食への食材提供、食農教育	今治市（愛媛県）、一関市（岩手県）、いすみ市（千葉県）など
健康で暮らしやすい地域づくり	臼杵市（大分県）など
移住促進・新規就農者育成	石岡市（茨城県）、白川町（岐阜県）、羽咋市（石川県）など
地域産業との連携、地域自給	山形県置賜自給圏など
以上の複合型	小川町（埼玉県）、高畠町（山形県）、二本松市（福島県）

「野生生物との共生」は、兵庫県豊岡市でのコウノトリ、新潟県佐渡市でのトキ、宮城県大崎市での渡り鳥を野生状態で増やそうという取り組みである。これらの鳥が水田、水路、湿地などに棲む魚類や水生生物をエサにすることから、エサを確保するために農薬の使用を禁止するなど有機農業的な栽培方法を実施している。これは有機農業が生きもの全体を増やす（生物多様性を創出する）機能をもっている点に注目した取り組みである。

「学校給食への食材提供、食農教育」は、学校給食に有機農産物を取り入れている例である。愛媛県今治市が先進事例として有名だが、最近では次章で紹介する千葉県いすみ市が「学校給食のお米をすべて地元産の有機米で賄っている」事例としてよく知られている。みどり戦略でも、「有機学校給食」（オーガニック給食）が有機農業の拡大に有効だと認められて「オーガニックビレッジ」（二一七ページ参照）という補助事業が盛り込まれている。

「健康で暮らしやすい地域づくり」とは、大分県臼杵（うすき）市の取り組みを念頭に置いている。臼杵市の地域政策のベースには「健康を中心にした住み心地一番のまち」という考え方があり、そのなかに有機農業と有機学校給食が位置づけられている（第5章参照）。

「移住促進・新規就農者育成」は「中山間地の営農継続」と重複する部分があるが、地理的条件とは無関係に新規就農者の移住を促進している事例である。茨城県石岡市八郷（やさと）地区ではＪＡやさとが有機栽培部会を設立して新規就農者の研修制度を実施している。岐阜県白川町（しらかわちょう）については第3章で詳述する。石川県羽咋（はくい）市では市とＪＡはくいが連携し、「羽咋式自然栽培」の地域ブランド化を通じて新規就農者の増加、耕作放棄地や空き家の再生、地域コミュニティの活性化につなげるモデルづくりを実施している。

「地域産業との連携、地域自給」は山形県南部にある置賜（おきたま）地方の三市五町を一つの自給圏として捉え、地域自給と圏内流通の推進などを掲げて活動している置賜自給圏推進機構を念頭に置いている。第4章で紹介する高畠町（たかはたまち）はこの置賜地方に位置している。

以上、有機農業が全国の地方自治体に広がりつつある実態を理解してもらえたのではないかと思う。

有機農業の公共性

さて、「政策としての有機農業」を考えるにあたって、頭に入れておくべきことが二つある。一つは、国や地方自治体が税金を使う事業であれば、有機農業には何らかの「公共性」（国民や住民全体に対する価値）が求められるということだ。国や地方自治体は多種多様な政策を行っているので、有機農業がどの政策にとって価値があるのかを判断しなければならない。運動や思想としての有機農業では「有機農業そのものに価値がある」という考えは成り立つが、残念ながら、政策に取り入れるにはこの考えは通用しない。「有機農業は国の（あるいは自治体の）○○政策にとって価値がある」という議論を組み立てなければならない。「○○」に入るのは、大きくいえば経済、産業、教育、医療、福祉、農業、エネルギーなどだが、移住促進対策、子育て支援、貧困対策、高齢者の居場所づくりのような個別の政策でもよい。

たとえば国レベルの政策では、「有機農業は産業政策にとって重要なのか、地域政策にとって重要なのか」という議論がある。産業政策にとって価値があるとなれば「有機農産物はいくらで売れて、どのくらいの販売額があるか」という有機農業が生み出す経済的価値が重視されるが、地域政策にとって価値があるとなれば「有機農業は農山村の維持や農の多面的機能にどんな貢献ができるか」という有機農業が果たす社会的機能が重視される。現状では産業政策が優勢だが、地域政策からの強い主張もあり、議論は拮抗（きっこう）しているといえる。

他方、地方自治体の有機農業政策にはもっと自由で創造的な例が多い。言い換えると、「有機農業をどの政策と結びつけるか」という点で自治体ごとに大きな幅（多様性）があるのだ。本書で紹介するいすみ市（第2章）や臼杵市（第5章）では自治体の首長が率先して有機農業推進を打ち出したが、政策としての位置づけは違っており、その違いが両市における有機農業の展開の違いとなって表れている。

ここで**表1―1**に示した自治体が有機農業をどんな政策に位置づけているのかを考えてみよう。「中山間地の営農継続・移住促進」なら、人口減少対策や移住促進対策と関係があるだろう。「野生生物との共生」なら、環境政策、農業政策、観光政策、教育政策との関係が考えられる。「学校給食への食材提供、食農教育」なら、教育政策、子育て支援、農業政策との関係があるだろう。「健康で暮らしやすい地域づくり」なら、健康医療政策、高齢者福祉政策、農業政策を中心に地域振興政策全体に関わる。ここで強調したいのは、有機農業の推進は農業政策だけでなく、非常に幅広い政策のなかに位置づけられているということである。

もう一つ、有機給食を取り入れた自治体（いすみ市や臼杵市など）では、そのことが「子どもにやさしい自治体」「子育てがしやすい自治体」という評判を呼んで、地域のイメージアップや移住希望者の増加という大きな効果を生んでいる。これは自治体の政策が社会に好意的に評価された結果だといえる。

4　有機農業の「産業化」と「社会化」

さて、ここで今までの議論を少し学問的に整理してみよう。議論の発端は、「農水省の統計を見ると有機農業は広がっていないように見えるのに、社会現象として見ると広がっているように見える」という食い違いだった。次に、二〇〇〇年代以降、有機農業が地方自治体に特色ある形で広がっているという話をした。そこでは、地方自治体は有機農業を農業政策だけでなく幅広い政策に位置づけていることを明らかにした。これらの事実は全体として何を物語っているのだろうか。それを説明するために次のように考えてみた。

有機農業の広がりを「産業化」と「社会化」という二つの論理から考える

「有機農業の産業化」（以下、「産業化」）とは、有機農産物の価値が認められて、商品としての有機農産物の生産量が増えていくことをいう。これは有機農業に関するごく普通の考え方だろう。この考え方に従えば、有機農産物には安全性、美味しさ、栄養などの価値があり、消費者がその価値に気づいて多少値段が高くても買ってくれるようになれば、消費が増え、それに見合った生産も増える。その結果、有機農家の数や面積も増える。この論理は農水省の有機農業政策の根本的な考え方である。また、有機農産物の消費をマーケットとして捉え、「日本の有機農産物マーケットはどこまで伸びるか」といった議論も「産業化」のなかに含まれる。

　しかし、「産業化」の論理だけでは日本の有機農業は広がっていないという結論になり、前述した「社会現象としての有機農業」の大きな広がりを説明することができない。なぜなら、「産業化」の論理は、さまざまな有機農業のうちの「ビジネスとしての有機農業」だけ、それも農産物がお金で販売（買う側からすれば購入）されるという一つの面だけを切り取って、そこの増減を見ているだけだからである。わかりやすい例として、自給農家や家庭菜園を楽しむ人が自分で育てた有機野菜を自分で食べたとしても、それは経済統計に表れないので「産業化」の論理では捉えることができないのである。

　それに対して「有機農業の社会化」（以下、「社会化」）は「産業化」の論理では説明できない有機農業の多様な広がりを説明しようとする考え方である。たとえば、都会から農山漁村に移住する若者の多くが有機農業をやろうとしているとか、有機栽培の水田で生きもの観察を行う子どもや大人が感動するとか、農業経験のない若い起業家たちが「オーガニック」を旗印に事業を始めようとするなどである。

　こうした活動は明らかに「産業化」とは違う方向を示している。生産を増やしたり、面積を広げることを第一に目指しているのではないからだ。そうではなく、移住者を増やして農山村の存続を支えたり、都市住民を含む多彩な人びとのつながりを取り戻すというような、一言でいえば「社会的な問題の解決」を目指しているといえる。

「社会化」はとても幅広い現象を含むので正確な定義は難しいが、簡潔にいうと「有機農業が社会的な問題の解決に貢献することを通じて、地域や社会に広がっていく動き」と定義したい。この定義では人びとの直接的な関係を通じて広がる範囲を「地域」とし、それを超える範囲を「社会」として区別した。そのほうが有機農業の広がりをよりていねいに説明できると思うからだ。

ここで『産業化』は停滞しているのに、なぜ『社会化』は進んだのか」という問いについてもう一度考えてみよう。これまで有機農業の広がりを説明する理論としては、「生産者と消費者の相互交流と理解に基づいて有機農産物の流通が広がっていく」という産消提携などの理論や、有機農産物には安全性などの高い付加価値があるので、消費者がその価値を認めて購入するという付加価値論などがあった。しかし、先の例が示すように、「社会化」はこうした理論では説明できない。生産者と消費者の間の人間関係や農産物の経済的価値とは別に、有機農業のもっている「意味」が人から人に伝わっていく何らかの「経路」(ルート)があると考えるべきだろう。「社会化」が進む経路について、二つの仮説を考えてみた(4)。

①有機農業は人間と自然の関係に関する価値観の転換を促す(価値転換の系)

第一は、「社会化」が進むと、多くの人びとが有機農業と多様な形で出会うようになり、それが人間と自然の関係に関する価値観の転換を促す。一言でいえば、「『社会化』が進むと、人びとの価値観の転換が進む」という仮説である。この経路を「価値転換の系」と呼ぶことにする。これは個人の価値観が変われば行動が変わり、それが周りの人にも影響して行動を変える人が増えていくという論理である。しかし、この仮説は一般的な価値観ではなく「人間と自然の関係に関する価値観」に限定している点に注目していただきたい。

本書のテーマは「有機農業は地域および社会でどう広がったのか」だが、よく考えてみると、有機農業というものは一九六一年に農業基本法によって農薬や化学肥料を使用する慣行農業が普及してから、それに反旗を翻す形で、各地で少しずつ広がってきた。したがって、どの地域においても、有機農業は一人の農家（あるいは少数の農家グループ）が始め、それが周囲に広がってきたはずだ。この初期の段階において、有機農業の広がりはこの仮説でいう「価値転換」によって起こったものに違いない。

実は本書で取り上げた四つの事例では、いずれも有機農業が本当の「点」であった時期に、いわば「初発のキーパーソン」というべき人物が「価値転換」による広がりを生み出していたことが確認できた。詳しくは各章を読んでいただくとして、要点だけを紹介しよう。

いすみ市（第2章）は市長のトップダウンで有機農業が始まったといわれることが多いが、実はサーフィンを核としたカウンターカルチャー（対抗文化）といすみ市版の生物多様性戦略を策定した自然保護運動が「前史」として存在していた。二〇一二年から始まるいすみ市の有機農業政策は何もないところから生まれたのではなく、こうした市民運動を母体としていた。

白川町（第3章）で有機米生産が始まったのは一九八九年の郷蔵米生産組合の設立からとされているが、それに先立つ八六年に服部晃・圭子夫妻が白川町に移住して有機農業を始めたのが最初の取り組みであった。この頃服部氏は地元農家の西尾勝治氏、中島克己氏らと、民間稲作研究所の稲葉光國氏、農と自然の研究所の宇根豊氏、茨城大学の中島紀一氏らを講師に招いて講演会を開催していた。この時期に共有された価値観がその後の「ゆうきハートネット」（八一ページ参照）の基盤になった。

高畠町（第4章）の有機農業運動は他の三事例と開始時期や背景が異なり、今から五〇年前の一九七三年に設立された「高畠町有機農業研究会」に端を発している。当初四一名の農家が参加したという点で、最初から「グループ」としての出発であった。その運動は戦後に展開した農業青年の学習活動や青年団運動を起源とし、近代化農業への反省に立った出稼ぎ拒否闘争や減反拒否闘争を経て、農民詩人の星寛治氏の自給農業の実践哲学を中核としていた。

臼杵市（第5章）では『ニンジンから宇宙へ』（なずな出版部、一九九六年）などの著作で知られる赤峰勝人氏が一九七七年から有機農業（氏の言葉によれば「循環農法」）に取り組んでいた。赤峰氏は「なずなの会」を組織して自身の取り組みや考えを発信していたが、長い間市行政との接点はなかった。二〇〇七年五月、当時の後藤國利市長らが赤峰氏の農場を訪問し、三泊四日泊まり込みで循環農法の勉強をしたとき、そこで食べたニンジンが美味しく「こういう野菜を市民の皆さんに食べてもらうための農業施策を市としてやっていかなければ」（担当職員の佐藤一彦氏）と臼杵市として有機農業を推進することを決意した。

このように、調査した四事例ともに価値転換を促す「初発のキーパーソン」が存在した。その後に「社会化」が進むにつれて、それまで有機農業を知らなかった人びとが有機農業と出会う機会が増える。この「出会い」には、（赤峰氏のニンジンの美味しさのように）作物の美味しさ、農家の話、圃場（ほじょう）で見つけた虫や鳥などさまざまな形があり得るが、それまで自分が知らなかった世界に触れたという新鮮な発見や驚きの感覚が伴うだろう。この発見と驚きには「自分が知らないことがわかって面白かった」という比較的単純なレベルから、「自分の世界観や人生観が変わってしまった」という深いレベルまでいくつもの層がある。しかし、どの層であれ、有機農業との出会いは人間と自然の関係に関する価値観を変える可能性がある。「社会化」が進むにつれて人間と自然の関係に関する価値転換が進むというのはこのようなメカニズムを指しているのである。

しかし、価値転換の重要性を認識したうえで、「政策としての有機農業」が広がっていくためには個々人の価値転換だけでは十分ではないという事実を指摘しておかなければならない。なぜなら、価値観の変化は人によって違うので、それだけでは地域住民にまんべんなく当てはまる「公共的価値」には結びつかないからである。政策に取り入れられるためには、有機農業が地域全体に何らかのメリット（利益や効果）があるという理由づけが必要になる。このようなメリットが「公共の福祉」と呼ばれるものである。

二〇〇〇年代以降、有機農業が国や自治体の政策に取り入れられるようになったのは、価値転換の広がりとは違う理由づけ、公共の福祉に結びつくような理由づけがされるようになったからに違いない。それを説明したのが次の仮説である。

②有機農業はさまざまな社会問題の解決に独自の貢献をする（機能の系）

第二の仮説は「有機農業はさまざまな社会的な問題の解決に独自の仕方で貢献し得る」という仮説である。言い換えると、有機農業はさまざまな社会的問題の解決に「役に立つ」から広がったのだと考えるのである。この経路を「機能の系」と呼ぶことにする。

たとえば、移住促進対策では「農村への移住希望者には有機農業に興味をもつ人が多いから、移住者を増やすためにわが町では有機農業を推進する」というような考え方である。あるいは自然との共生関係で考えると、「わが町ではコウノトリと共生する町づくりをするので、エサを増やすために有機農業を推進する」という考え方になる。

いずれも有機農業が果たしている「機能」に注目している。農業の機能と聞くと「農の多面的機能」という言葉を思い浮かべる人がいるかもしれない。農水省によれば、農業の多面的機能とは「国土の保全、水源の涵養（かんよう）、自然環境の保全、良好な景観の形成、文化の伝承等、農村で農業生産活動が行われることにより生ずる、食料その他の農産物の供給の機能以外の多面にわたる機能」のことと定義されている。確かに、有機農業が果たしている機能の多くは「農の多面的機能」と重なるものである。ここでわざわざ「有機農業が果たしている」と強調するのは、農業が本来果たすべき機能（たとえば地域資源を循環的に利用する機能、生態系を豊かにする機能、安心して食べられる食料を生産する機能、中山間地の地域活性化を促す機能、社会的公正を高める機能など）は慣行農業では十分果たせていないからである。この仮説では「有機農業はさまざまな社会問題の解決に独自の貢献をする」と書いたが、この「独自の」というのは「慣行農業ではできない」、あるいは「『産業化』の論理ではできない」という意味である。

国や地方自治体が有機農業を政策に取り入れているという事実は、有機農業が果たしているさまざまな機能が理解・評価され、社会の問題解決に利用されて広がっていることを示していると考えられる。

日本の有機農業は「産業化」の面では停滞してきたが、二〇〇〇年代以降「社会化」の面では発展してきた

日本の有機農業は有機農家の人数や面積の点では停滞してきたが、二〇〇〇年代以降、社会現象としての有機農業は大きく広がりつつある。この矛盾する二つの傾向をまとめて表現するとこのようになる。言い換えると、「日本では有機農業は広がっていない」という議論は有機農業の「産業化」の面だけを見て、「社会化」の面を見逃してきた結果だということになる。

「社会化」の面が見逃されてきた最大の理由は日本では農業を産業とする見方が非常に根強かったからである。よって有機農業も産業として見なす傾向が強く、有機農業が果たしている数

多くの環境保全機能、生物多様性創出機能、社会的機能が無視されてきたのである。日本の農業政策の目標は長い間生産力向上一本だけだったといわれている事実がそれを物語っている。

その意味では、有機農業を多様な政策に取り入れている先進自治体のほうが時代を先取りしている。みどり戦略のキャッチコピーは「生産力向上と持続性の両立をイノベーションで実現」である。生産力向上に「持続性」を追加した点では一歩前進したといわれているが、「社会化」の立場からいえばまだまだ改善の余地が大きい。これについては第7章で詳しく述べる。

だいぶ長い総論になったが、以上の議論を踏まえて、次章から調査した四つの事例の報告に移ることにしよう。

(1) 谷口吉光「有機農業の『第4の波』がやってきた!」有機農業参入促進協議会編『有機農業をはじめよう――農業経営力を養うために』二〇一八年、四~五ページ。(https://yuki-hajimeru.net/wp-content/uploads/2018/06/hajimeyo9.pdf)

(2) IFOAM. (2018). Definition of Organic Agriculture. https://archive.ifoam.bio/sites/default/files/page/files/dooa_japanese.pdf (二〇二二年一一月一四日閲覧)

(3) たとえば、全国農業会議所「2010年度 新・農業人フェアにおけるアンケート調査」では新規就農者の二八%が「有機農業をやりたい」、六五%が「有機農業に興味がある」と回答している。

(4) 谷口吉光「有機農業の『社会化』と『産業化』」澤登早苗・小松﨑将一編著『有機農業大全――持続可能な農の技術と思想』コモンズ、二〇一九年、一七八~一八〇ページ。

第2章

有機農業、給食、生物多様性が共鳴する「自然と共生する里づくり」

千葉県いすみ市

谷口吉光

千葉県いすみ市は有機農業や学校給食の関係者の間では知らない人がいないほど有名な自治体である。ここでは小中学校の学校給食には全量地元産の有機米が使われている。このように幼稚園・保育園や学校の給食に地元産の有機米や有機野菜を使うことを「有機給食」とか「オーガニック給食」という[1]。これまで有機給食の実現はとても難しいことだと考えられてきた。日本では有機農家が少ないという事情もあるが、一番は「給食費が安すぎて高価な有機農産物を使えない」という大きな障壁があったからだ。そんななかで二〇一八年の「いすみ市では学校給食を全量地元産の有機米にした」というニュースは、全国の関係者を驚かせた。

また、いすみ市では市長が有機農業推進の方針を打ち出してから取り組みが始まった。ふつう地域に有機農業が広がるには、まず有機農業に取り組む農家から、少しずつ農家仲間や消費者を増やしていく「ボトムアップ型」がほとんどである。いすみ市のように、市長の呼びかけに応じて農家が有機農業に取り組み始める「トップダウン型」はとても珍しい。

驚くべき点はまだある。それまで地域に有機農家がほとんどいなかったのに、取り組み始めてからわずか二年で有機稲作の技術が確立されたことだ。「慣行農業から有機農業に転換するのに数年はかかる」というのが有機農業の世界の常識だが、いすみ市では二〇一三年に手探りの有機稲作がスタートしてわずか二年で技術が確立し、その後面積が急拡大している。

このような意味で、いすみ市は日本の有機農業の常識を覆した奇跡のような事例である。なぜこのようなことが実現できたのだろうか。

こうした成功事例を分析するのに「市長が立派だったから」というように「立派な人がいたからできた」と説明する場合がある。いすみ市でも確かに人の要素はある。市長の太田洋氏、市職員の鮫田晋氏、環境活動家の手塚幸夫氏、農家の矢澤喜久雄氏などがいなければ、このような成果は上がらなかったかもしれない。

しかし、だからといって「人がすべてだ」と考えるのは間違いだろう。「立派な人がいたからできた」という説明は、裏を返せば「立派な人がいなければできない」というあきらめを生む。せっかく優れた事例を勉強しても、「うちの地域にはこんな立派な人はいないからできない」とあきらめては何のために勉強したのかわからない。

だからここでは違う方法をとってみよう。どの地域でも最初から有機農業があったわけではない。必ず最初に始めた人がいるはずだ。それなら事例の歴史を最初の一人の時点にまでさかのぼり、そこからどうやって現在の姿が生まれてきたのかをたどるという方法で考えていこう。(2)

1　前史としてのカウンターカルチャーと自然保護活動

サーフィンを核としたカウンターカルチャー

いすみ市における有機農業の取り組みは、二〇一二年に太田洋市長が「自然と共生する里づくり連絡協議会」を設置したことから始まったとされている。しかし、それは第1章で説明した「政策としての有機農業」のスタートであって、「運動としての有機農業」のスタートは一九七〇年代のサーフィン文化にまでさかのぼる。(3)

サーフィンは、一九六〇～七〇年代のアメリカ西海岸の若者文化であるカウンターカルチャーの流れを汲んでいて、自然志向、田舎暮らし、反合理主義、ベジタリアン、マクロビオティックなどの価値観と親和性が高い。七〇年代には千葉県中房総の太平洋岸（一宮町、いすみ市、勝浦市など）はサーフィンのメッカになっていた。

日本にサーフィンを定着させた三人のレジェンド（伝説の英雄）のうちの一人である高橋太郎氏は東京で生まれ育ち、一九八〇年にいすみ市に移住した。高橋氏は九六年から米の自然栽培にのめり込んだが、その頃ほかの若い世代のサーファーの何人かも、有機栽培で米や野菜作りを始めていたという。このあたりがいすみ市で有機農業を始めた最初の一人といっていい。

また、いすみ市には料理家の中島デコ氏とフォトジャーナリストのエバレット・ブラウン氏が開いたマクロビオティックレストランのブラウンズフィールドがある。

「市長のトップダウンで始まった」といわれることが多いいすみ市の有機農業政策だが、実はこうしたカウンターカルチャーの歴史がいわば「前史」として存在していたのである。この文化がいすみ市の有機農業の発展を市民レベルで支えたと思われる。たとえば、いすみ市職員の鮫田氏もサーフィンがやりたくていすみ市に移住してきた一人である。

鮫田氏は「オーガニックには憧れみたいなのもあったし、中島デコさんのところにもよく遊びに行っていました。自炊している頃、玄米を食べるのは結構好きでしたね」と自身がカウンターカルチャーに親しんでいたことを語っている。鮫田氏がいすみ市の有機農業政策を展開させることができた根底には、有機農業をすんなり理解できる価値観と感性をもっていたことがあるだろう。

もう一人のキーパーソンで「いすみ生物多様性戦略」の策定を主導した手塚幸夫氏は学生時代からカウンターカルチャーと反戦・反原発運動に積極的に参加し、高校の生物の教員になってからは自然保護活動に関わってきた。一九九五年からは有機米栽培に取り組んだというから、手塚氏もいすみ市で有機農業を始めた最初の仲間の一人である。

ほかにも、市議会議員の中村松洋(まつひろ)氏はサーファー・漁師・自然保護活動家という顔をもち、「海に流れ込む河川の水質悪化を防ぐためには、農薬を使わない有機農業が重要だ」と訴えている。このようにいすみ市にはサーフィンを核にしたカウンターカルチャーが存在し、その影響を受けた市民たちがその後の有機農業の発展にさまざまな形で貢献している。

生物多様性保全を進める市民運動

いすみ市の有機農業の「前史」にはもう一つの流れがある。二〇〇八年、堂本暁子千葉県知事（当時）が主導して「生物多様性ちば県戦略」が策定された。これがきっかけになって、いすみ市でも生物多様性保全に取り組む動きが生まれ、同年から三年間「夷隅川流域における生物多様性保全再生事業」が環境省の事業に採択された。この事業を実施するために市内の環境保護団体が参加して「夷隅川流域生物多様性保全協議会」が設立され、生物多様性の保全に関わるさまざまな活動が行われた。

こうした動きを、市民としてコーディネートした手塚幸夫氏は生物多様性戦略策定が有機農業政策に与えた影響について次のように語っている。

「二〇〇八年に市議会議員（前述の中村松洋氏）と一緒に太田市長に会って、『生物多様性戦略を作るのが非常に重要である』というプレゼンをさせてもらいました。でも市長は私が何を言いたいのかがわからなくて、『早く話が終わってほしいと思っていた』ということを後から聞きましたが、それ以来太田市長は生物多様性という言葉にかなり触れるようになったと思います」

この証言は、太田市長が手塚氏ら市民の活動に学びながら、徐々に生物多様性保全の重要性に対する認識を深めていったことをうかがわせる。

二〇〇九年、いすみ市は国土交通省の「南関東エコロジカル・ネットワーク形成に関する検討委員会」に参加し、コウノトリ・トキの舞う地域づくりを目指すことになる。一一年にはコウノトリ生息環境調査を行っている。

生物多様性保全の活動と有機農業との接点が生まれたのは、コウノトリの自然放鳥で有名な兵庫県豊岡市の中貝宗治(なかがいむねはる)市長（当時）の講演会をいすみ市で開催した二〇一二年二月頃だったようである。この講演が市民に大きな感銘を与えた。太田市長も「いすみ市でコウノトリを飛ばしたいと考えた」と、当時の心境を次のように語っている。

「ここは非常に環境のいい地域だし、市民も環境に非常に強い思いをもっているので、それを次の世代に残さなきゃいけないと思いました。人もコウノトリも住めるような地域づくりを進めようという思いで、最初はコウノトリを飼おうとしたんですが、経費がかかりすぎるということで断念し、でも有機農業はやると決めました」

市長の言葉が示すように、いすみ市の有機農業政策には、生物多様性保全に関わる市民の取り組みと、豊岡市の「コウノトリと共生する地域づくり」という理念が大きな影響を与えている。

市長の決断を受けて、手塚氏と市の担当者が動き出した。コウノトリが棲むような地域にするには、流域という「面」で生物多様性を創出する必要がある。農業と環境の両方の条件を整

図2—1　自然と共生する里づくり連絡協議会の組織図

自然と共生する里づくり連絡協議会（2012.5.29設立）

会長：いすみ市副市長

副会長：JAいすみ組合長

自然環境保全・生物多様性連絡部会	環境保全型農業連絡部会	地域経済振興連絡部会（2013.5.31設置）	有機野菜連絡部会（2018.5.22設置）
部会長	部会長	部会長	部会長
監事	監事	監事	監事
畦道倶楽部	いすみ農業協同組合	いすみ市商工会	いすみ有機農業クラブ
房総野生生物研究所	ちば国吉米匠の会	いすみ市商工会青年部	JAいすみ青年部
夷隅郡市自然を守る会	岬稲作研究会	いすみ市観光協会	いすみ市野菜生産組合
NPO太東埼燈台クラブ	八乙女営農組合	夷隅東部漁業協同組合	JAいすみナバナ出荷組合
ビーチクリーンアップ岬実行委員会	農事組合法人みねやの里	いすみ市宿泊業組合	いすみ市新規就農者ネットワーク
いすみ夢鯨の会	榎沢営農組合	外房大原旅館組合	株式会社ごじゃ箱
桑田里山の会	井沢営農組合	大原民宿組合	ちまちファーム
いすみたんぼのがっこ	荻原区環境保全会	いすみ市女性の会連絡協議会	有限会社石井青果
山田源氏ぼたるの里を守る会	いすみ市有機農業推進協議会	みさきPC倶楽部	いすみ市有機農業推進協議会
		NPO法人 いすみライフスタイル研究所	
		大原小浜郵便局	
事務局 農林課	事務局 農林課	事務局 水産商工課	事務局 農林課

（出典）いすみ市の資料をもとに作成。

えなければならないが、環境についてはすでに夷隅川流域生物多様性保全協議会がある。これに農業者に参加してもらえれば、農業者と環境団体が連携できる組織をつくれるのではないか。手塚氏の言葉によれば「何もないところから『自然と共生する』みたいな言葉の協議会をつくってても難しいけれども、環境省事業のために二〇くらいの団体が一緒に活動してきたので、その組織を活かしてつくればいいのではと考えました」。

このような実践的な発想に立って、すでにあった「夷隅川流域生物多様性保全協議会」に農業部門を追加・再編成する形で二〇一二年に「自然と共生する里づくり連絡協議会」が設立された。当初は「自然環境保全・生物多様性」と「環境保全型農業」の二連絡部会だったが、後に「地域経済振興」と「有機野菜」の二連絡部会が加わって、**図2―1**に示したような四連絡部会制になった。

その後のいすみ市の有機農業政策は「自然と共生する里づくり連絡協議会」を通じて地域の合意を得ながら進められていく。市長のリーダーシップがあったとはいえ、有機給食の導入、教育ファームの実施、有機稲作技術の普及、堆肥（たいひ）センターの建設などを短期間で実現できた背景には地域合意を踏まえた政策運営があった。

このように、いすみ市の有機農業の推進機関である「自然と共生する里づくり連絡協議会」は何もないところから生まれたのではなく、生物多様性保全に取り組んできた協議会が母体となって設立されたのである。太田市長が提唱する「環境と経済の両立」という政策理念は長年

図2―2　いすみ市の位置

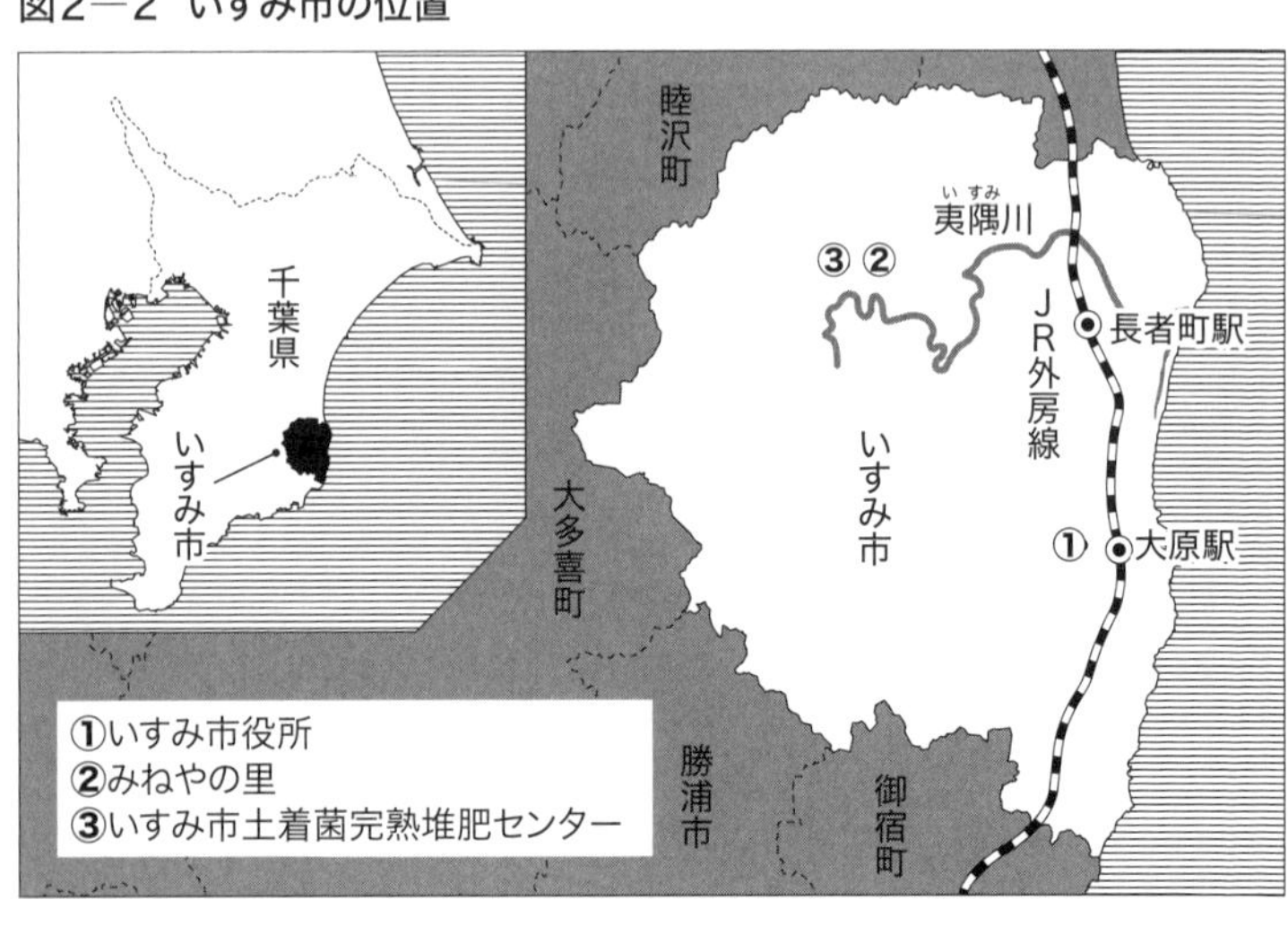

にわたる市民による自然保護活動の蓄積に支えられているのである。

2　有機農業推進を決めた経緯

いすみ市農業の特徴

いすみ市は、千葉県房総半島東部、九十九里浜の南端から内陸に位置し、平成の大合併によって二〇〇五年に夷隅町、大原町、岬町が合併して誕生した人口約三四五一九人の市である（二〇二二年八月現在）。都心から一〇〇㎞圏内にありながら、これまで大規模な宅地造成や工業開発はほとんどなく、伝統的な里山の暮らしや文化、祭り、里山・里海の原風景が今でも色濃く残っている。

主な産業は農業と漁業である。千葉県で二番目に大きな河川である夷隅川が夷隅統と呼ばれる肥沃でミネラル豊富な粘土質の土壌を形成し、長狭米（鴨川市）や多古米（多古町）と並んで、房総三大米と称されるいすみ米の産地の基盤となっている。小高い丘陵地には無数の谷津（台地や丘陵地にできた細長い浸食谷）が点在し、谷津を起点として水田が夷隅川まで大きく広がる水田地帯である。いすみ市産の米は、戦前では東京市場だけでなく、一部は関西市場においても「上総国吉米」として高値で取引されていたほどのブランド米であったが、現在ではいすみ米の認知度は低く、米価の低迷とともに水田農業は衰退の一途をたどっていた。

図2―3　いすみ市の水田面積率

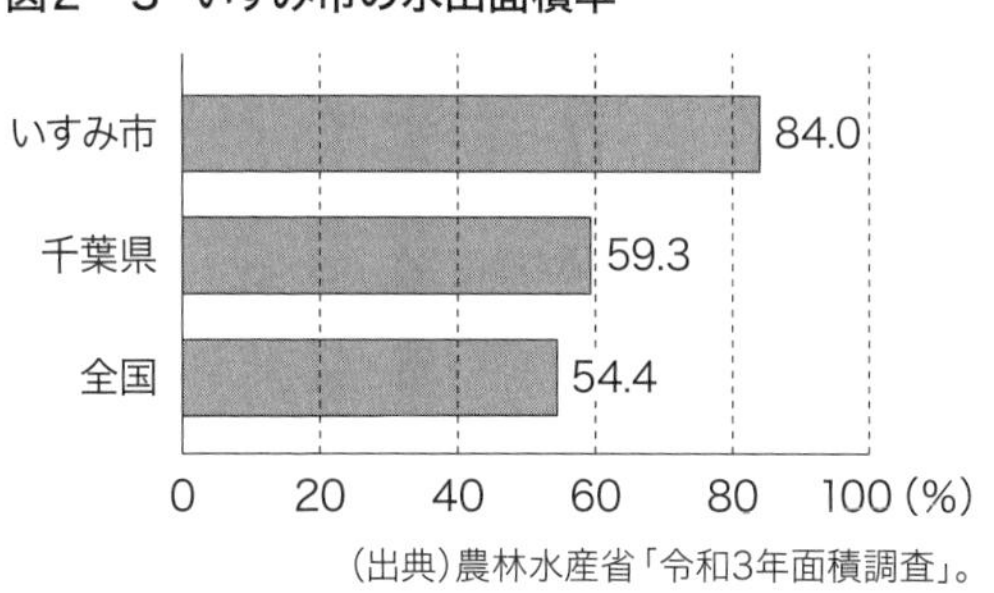

（出典）農林水産省「令和3年面積調査」。

米以外には、西部の丘陵地では乳牛や採卵鶏などの畜産が、北部から隣接の一宮町にかけては日本梨の生産が盛んである。その他市内には、ブルーベリー、柿、イチゴなどの観光農園や、牧場や個人が経営するチーズ工房などもある。特徴としては経営耕地が一ha未満の小規模農家が過半数を占め、産地と呼べる作物は米だけである。

いすみ市の農業が米に大きく依存していることは統計にも表れている。農業に使われている耕地面積のなかで水田面積が占める割合を「水田面積率」というが、いすみ市は八四・〇%で、全国の五四・四%や千葉県の五九・三%と比べても圧倒的に高い（**図2―3**）。

図2―4はいすみ市における農業経営体数を示したものだが、全

図2―4 いすみ市の農業経営体数

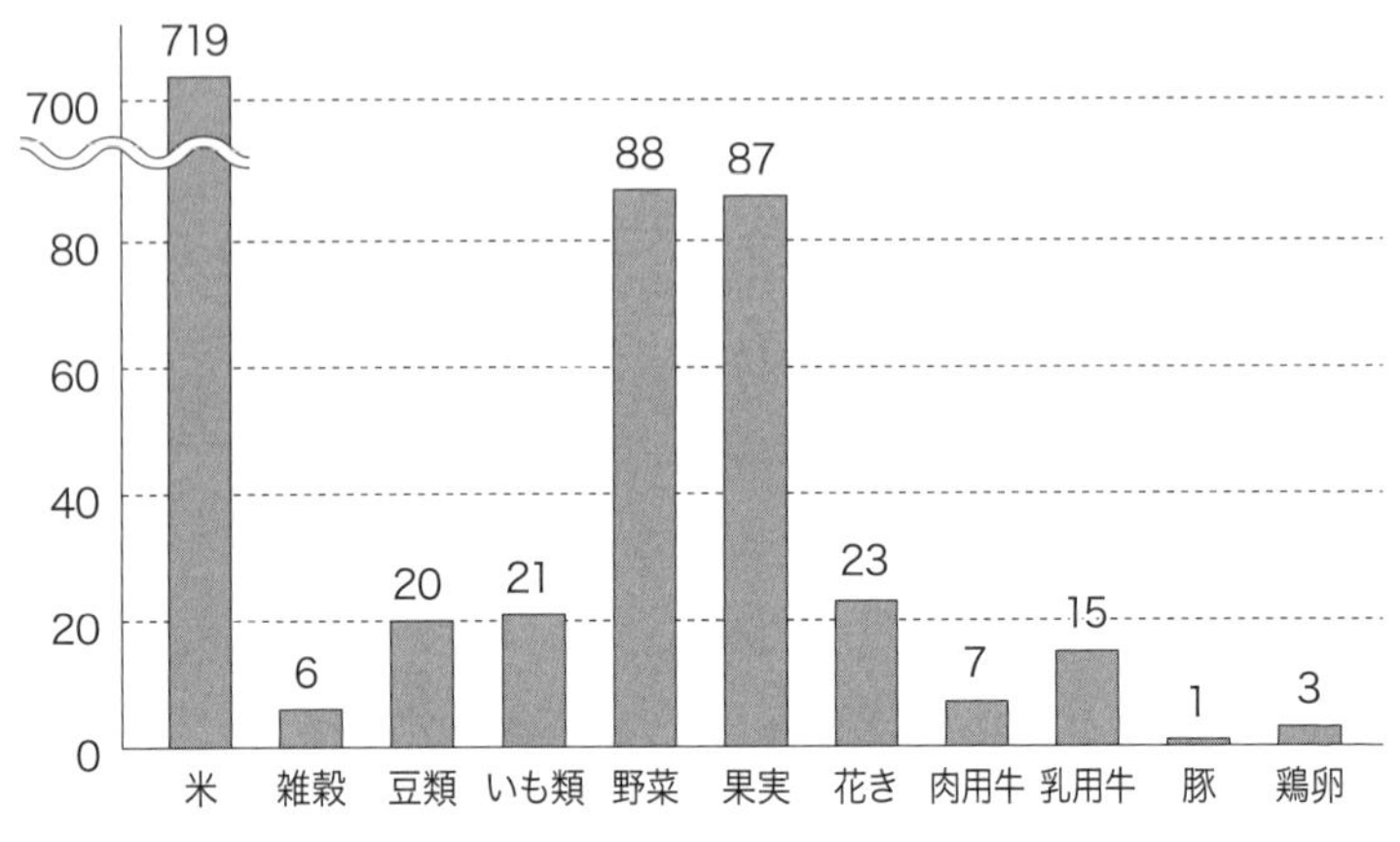

(出典)農林水産省「2020年農林業センサス」。

部で八三九ある経営体のうち米を生産している経営体は七一九と、全体の八五・七%を占めている。ところが、農業算出額を見ると、野菜がほとんどなく、鶏卵が全体の六〇%近くを占め、米は二二%しかないというかなり偏った作目構成になっていることがわかる(図2―5)。

水田農業の衰退に対する危機感

太田市長が有機農業推進に踏み出した背景には、衰退するいすみ市の水田農業を何とかしたいという思いがあった。市長は次のように語っている。

「いすみ市は米どころといいながら農業が衰退しているんです。一九九六年頃の米価は一八〇〇〇円(一俵=約六〇kg)ほどだったんですが、現在では一一七〇〇円から一三〇〇〇円。生産コストは一五〇〇〇円くらいですから、生産コストを割っているんです。千葉県で五番目に広い農地をもついすみ市として、地場産業としての水田農業が衰退するんじゃないかという思いがありました」

ここで注意していただきたいのは、太田市長が有機農業を導入したのが「有機農業がすばらしいから」という理由ではなかったことである。いすみ市には有機農業と親和性が高いカウンターカルチャーの歴史があると述べたが、太田氏はそうした価値観に賛同して有機農業推進を決めたわけではない。衰退する水田農業を再生させるための、いわば「手段」として有機農業に注目したのである。

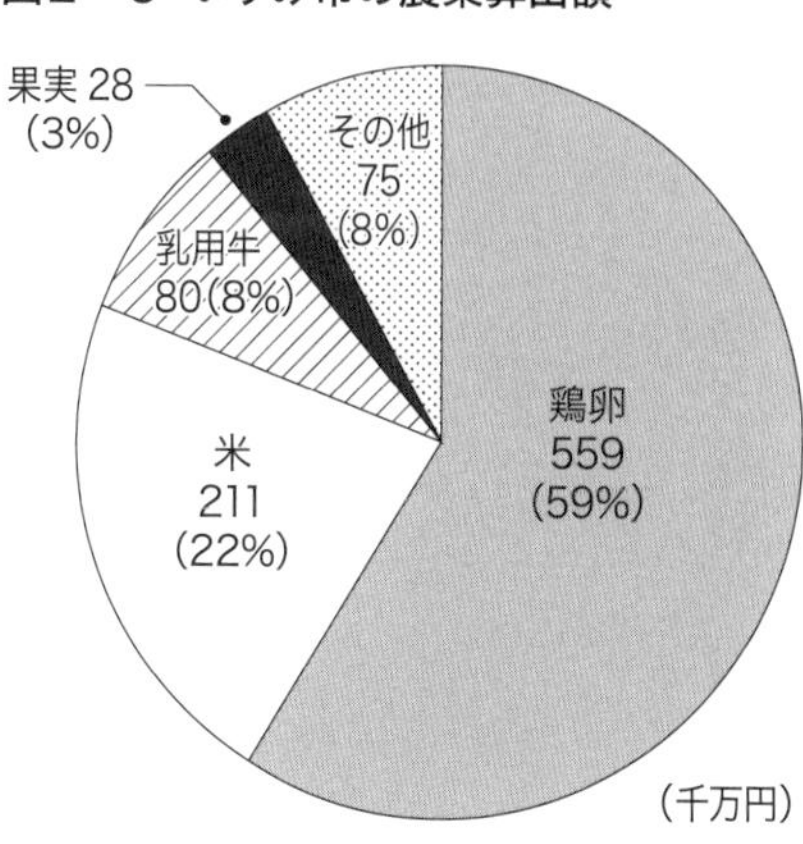

図2—5 いすみ市の農業算出額

(出典)農林水産省「令和2年生産農業所得統計」。

第1章で「有機農業の社会化」について説明したとき、「有機農業はさまざまな社会問題の解決に独自の貢献をする（機能の系）」という仮説を紹介した（三五ページ参照）。太田市長の思いをこの仮説に重ねてみると、「有機農業はいすみ市の水田農業の衰退という社会問題の解決に独自の貢献をしてくれるのではないか」と期待したということになる。この期待は「有機給食を通じた米産地形成」という筋道を通って数年後に報われることになる。

慣行農家の反発を心配して、有機農業導入には躊躇

ところで有機農業推進を決めたとき、太田市長はさまざまな不安を感じていたようである。一つは慣行農家の反発を予想したからである。「二〇一〇年に関東エリアでコウノトリ放鳥の取り組みに参加する際に思ったのは、地域の農家とおそらく一大戦争が起こるだろうということです。なんで今さら有機農業をやるんだと。今になって有機農業をやったってどうにもならないじゃないか。お前は俺たち農家をつぶす気か。そういう話になるんじゃないかと思って躊躇（ちゅうちょ）したんですよね」

慣行農家との対立を「一大戦争」という強い言葉で予想したところに、太田氏の不安がいかに大きかったかが想像できる。また、有機農業の実現可能性については「あの頃は無理だと思っていました」と率直に胸の内を打ち明けた。

「今までヘリコプターで徹底的に空中散布をしている慣行農業の地域に、農薬を散布しないで水田耕作ができるなんてとても考えられない。いすみ市は北部が梨の産地なんです。梨は徹底的に薬をまきますから、これは共存できないと思っていました」

「環境と経済の両立」を訴えて、議会を説得

強い不安を感じながらも、太田氏は有機農業推進を決断した。市議会を説得するために次の

ように訴えた。

「市議会の同意を得て有機米推進に踏み切りました。議会には、千葉県では稲作は全部慣行栽培でやっているんだから、いすみ市がもし有機米を作れば完全に一人勝ちできる。まさに『環境と経済の両立』だからみんなでやりましょう、と言って説得しました」

ここでは有機農業導入による農家への経済的メリットを強調している。

太田市長の言葉を引用しながら、有機農業推進の経緯を振り返ってみた。この政策の背景には、「衰退する水田農業を再生させる」、「豊かな自然環境を次の世代に残す」、「自然保護に熱心な市民の思いに応える」、「慣行農家の反発を抑える」など、複雑に入り組んだ市政の課題を解決したいという思いがあったことがうかがわれる。また、「トップダウンで決めた」という言葉からは自信に満ちた市長の姿がイメージされるかもしれないが、現実には大きな不安を抱えての決断であった。

では次に、なぜ短期間に有機農業技術を確立できたのかについて、見てみることにしよう。

3 なぜ短期間に有機農業の技術が確立できたのか

市長の呼びかけに応えた農家

太田市長が有機農業推進を決めたとき、実はいすみ市には有機農家は一人もいなかった。市長の呼びかけに応えて手を挙げたのは、農事組合法人「みねやの里」の組合長・矢澤喜久雄氏である。「みねやの里」は集落の全二三戸が参加して一五haで米、菜花と柿を栽培している集落営農組織であるが、二〇〇四年の設立から千葉県の減農薬栽培の認証を取得するなど、環境を意識した農業を行ってきた。

有機稲作に取り組む以前、矢澤氏は有機農業に対して「無関心ではなかったと思いますが、無知でした」と述べている。

「非常に素朴な意味で、農薬は使わなくてすめば使わないようにしようというコンセプトで組合が立ち上がりました。無農薬や有機という言葉は知ってはいましたけど、どうすればいいかという意味ではまったく無知でした」

「農薬は使わなくてすむなら使わないほうがいい」と思っている農家は多いだろう。矢澤氏もそういう普通の農家の一人だった。

それでは、どうして「みねやの里」が有機稲作に挑戦することになったのだろうか。少し長くなるが、矢澤氏の話を聞こう。

「二〇一二年に『自然と共生する里づくり連絡協議会』が立ち上がったんですが、最初の頃は『どうやってコウノトリを飼えるか』みたいな議論が多かったんです。でもコウノトリを飼うには、ドジョウやザリガニなどの生きものがいっぱいいる環境でなければ飼えないことがわかったので、これはやっぱり農業分野でそういう生きものが豊かな環境をつくる取り組みをしなければと思いました。農業部会が開かれたときに、展望があったわけじゃないけど、とりあえず踏み出さなければ次のステージが見えないということで、『じゃあ私どもの組合で無農薬でやってみます』と言ったんです」

矢澤氏を突き動かしたのは「有機農業がすばらしい」とか「有機農業に興味があった」ということではなかった。太田市長が有機農業を通していすみ市の水田農業を活性化したいというのであれば、自分たちも地域農業を担う一員として、当然協力しなければならないという、住民としてまた農家としての責任感と誇りだった。実際、矢澤氏は「一五ha程度の小さな営農組合がいくら力んでも限界がある。地域全体が活性化するなかでしか、自分たちの組合もよくなっていけない」と述べている。太田市長の「いすみ市の農業を何とかしたい」という思いが、結果的に矢澤氏たちのやる気に火をつけることになった。

無農薬栽培一年目の結果

二〇一三年、有機農業がどういうものかわからないまま、矢澤氏たちは二二aの谷津田で無農薬稲作に取り組んだ。

「ただ農薬と化学肥料を使わなきゃいいんだろうということで始めたので、予想してはいたんですけど、やっぱり除草が大変でした。一回につき六、七人で計三回くらい手取り除草をしましたが、取りきれませんでした。一年やり終えて、これは草を何とかしなきゃほかの場所に広げられないというのが一番大きな感想でした」（矢澤氏）

矢澤氏の予想した通り、最初の一年は除草に悪戦苦闘して終わった。下手をすればいすみ市の有機農業はここで頓挫（とんざ）したかもしれない。ところが、この年の春、いすみ市の有機農業担当に鮫田氏が着任し、ほぼゼロから有機農業政策を立案していく。紆余曲折を経て、鮫田氏の働きが一年後に矢澤氏たちの行き詰まりを救うことになる。

ゼロからスタートした政策作り

市長が有機農業推進を決めたからといって、いすみ市には有機農業を推進した経験はなく、担当者はゼロから政策を作らなければならなかった。着任当時の状況を鮫田氏の話から振り返ろう。

「この事業の担当は一年でみんな異動してしまって私が四人目でした。『これはちょっと無理だよ』『農家ができないって言っている』という感じで引き継がれたことを覚えています」

鮫田氏自身、農業担当は初めてだった。

「恥ずかしい話、農業はまったく知らなかったですね。農業がこんなに市の基盤を支えていることも、日本農業全体がこれほどまでに先が見えない状況に置かれていることも知らなかったんです」

農業をまったく知らない担当者が「無理だよ」と言われた課題に取り組まざるを得なかった――。いすみ市の有機農業政策はこんな状況からスタートしたのである。それでは、鮫田氏はどこから手をつけたのだろうか。

「ひたすら豊岡市の事例研究です。毎日夜中まで残ってインターネットで検索しました。豊岡市の事例はものすごく研究されていて、市長の講演、研究論文、雑誌記事など、あらゆるものを読みました。成功事例の完成形を見せられちゃったら、『こんなのできるわけないよ』となるわけですが、最初の一歩というのがあったわけじゃないですか。そこはどこだったのかという構造を読み取ることをずっとやっていました」（鮫田氏）

その後、鮫田氏は豊岡市に出かけ、「コウノトリ育む農法」の担当者から、有機農業政策を立案するために重要なアドバイスをいくつも受けた。

何よりも事業の組み立てが大事だということ。鮫田氏が豊岡市の職員から最初に言われたのは「米を売ろうなんて思っちゃあきませんよ。地域全体をよくするようなことを考えて事業を進めてください。豊岡の場合はコウノトリと人間が共生するこの地域を好きになってもらうことを目指して事業を組み立ててきました」ということだった。

鮫田氏自身は、豊岡市の事業を次のように高く評価している。

「経済的な成功はもちろんですが、地域の人たちが内発的なまちづくりをして、成功体験をつかみながらムーブメントを広げていった、そのストーリーがすばらしいと思います。出来合いのものではないですよね、全然。そして『環境と共生した持続的な農業』という全人類が正しいと思うことを、発展途上ではあるけど、やってのけているじゃないですか。それは本当にすごいなと感動しますね」

鮫田氏によれば、いすみ市の有機農業政策の組み立ては豊岡市を参考にしている。「ほとんどの人は高所得者向けにブランド米を開発してデパートに持って行けとか、短絡的に物事をつなごうとするんですね。でも今思うと、そういうことからはいい縁って生まれてこない。学校給食を全量地元の有機米でやっているとか、そういうことがいろんな人の共感を呼び、人が人を呼んでいい縁が生まれてきていると思います」（鮫田氏）

しかし、こうした大きな事業ビジョンと合わせて、米の流通（農家から集荷された米が商社による取引を経てスーパーなどで販売されるまでの経路）について実務的な知識を学んだことが、その後「いすみっこ」という有機米のブランドを立ち上げたときに大いに役立ったという。一般に農協は有機米の流通に取り組まないので、自治体職員が販売の前面に立つ場合があるのである。

稲葉光國氏との出会い

そして、何よりも知りたかった有機農業政策の「最初の一歩」についても答えを見出した。豊岡市の有機稲作は栃木県にあるNPO法人「民間稲作研究所」の稲葉光國氏が指導したということを知ったのである。鮫田氏は上司に「まず有機稲作の実証事業をやりましょう」と提案し、二〇一三年一一月に稲葉氏の研究所を訪問して技術指導を依頼し、快諾を得た。その頃、矢澤氏たちの水田は草だらけになって一年目の取り組みを終えていた。

翌年一月、いすみ市で初めての稲葉氏の講演会が開かれた。鮫田氏によれば、「準備に一カ月しかありませんでした。講演内容を決めて、手紙を何百通も農家に送って、八〇人くらい集まりました。矢澤さんは草だらけの田んぼを見て、『来年はちょっと除草剤をまこうかな』と言っているし…」というまさにギリギリのタイミングだった。

結果的に、稲葉氏との出会いがいすみ市の有機農業の行き詰まりを突破する転換点になった。一つには、講演を聞いた農家の意識が大きく変わったことである。

「講演会には私どもの組合から役員五人くらいで参加したんです。稲葉先生の話を聞いて、稲作技術の問題よりも、農薬の危険性への理解が役員の間で非常に深まったことがよかったと思

っています。改めて農薬を使わない方向を追求すべきだという認識に変わりました」（矢澤氏）

鮫田氏も、稲葉氏の講演の影響を次のように振り返る。

「すごかったですね。有機栽培に関する技術もそうなんですけど、食料主権の問題とか、子どもたちの安心安全とか、ネオニコチノイド系農薬の悪影響とかを話してくれたので、大きな反響を呼んだと思います。私は担当者として、『技術的な話を中心にやってください』とお願いしたんですけど、稲葉先生からは『いや、最初はそういう話じゃないのから始めませんか』という提案だったんです。アジアのウンカがフィプロニル農薬に対する抵抗性をつけている話とか、モンサントのような多国籍企業による寡占と搾取の話などを織り交ぜながら、『地域の農業を豊かにするにはどう考えますか』という話になっていきました。技術だけじゃなくて、その人の価値観を変えるようなお話が多分にあったと思います。私自身もすごく影響を受けました」

もう一つは、二年目の有機稲作で稲葉氏の技術指導を受けたことによって、あれほど悩まされていた草がほぼ生えなかったことである。二年目は「みねやの里」のほかに二団体が参加して、面積は一・一haに拡大した。稲葉氏は自身の有機稲作技術を「循環型有機農業」と呼んでいるが、その技術は丈夫な成苗作り、二回代かきによる除草とトロトロ層（有機水田などの表層にできる有機物に富んでいて粒子の細かな泥層）の形成促進、深水管理、米ぬかなどの抑草資材の散布などを組み合わせたものである。稲葉氏はこうした技術を五回の「ポイント研修」を通じて指導した。

こう書くとスムーズに進んだように感じられるかもしれないが、市役所でただ一人の有機農業担当だった鮫田氏はここでも目の回るような思いをした。「二月の終わりには最初のポイント研修をやらなきゃいけないので、千葉県にもこの事業に参加するように頼んだんですけど、『いや、うちは農薬を使う技術しか指導できません』と言われちゃって、仕方がないから私が実証圃場（ほじょう）の設計をやることになったんです。でも、打ち合わせをしても稲葉先生の言うことがまったくわからない。育苗の講習会をやるといっても、マニュアルがあるわけじゃないんですよ。（用水路に使う）単管パイプを何本、どれくらいの長さですかとか、そんな調子で打ち合わせをしながら準備しました」

二年目の無農薬稲作について、矢澤氏は次のように振り返った。

「稲葉先生がおっしゃる通りにやったら、田植えの後、除草のために田んぼに入る必要がないくらい草がほとんど出ませんでした。これは本当に強烈な驚きでした。それでこれならいける、草が出なければ広げられると思いました」

有機農業の技術はその場所の土壌、地形や気候などによって効果が違ってくる。ある場所で効果がある技術でも、ほかの場所ではうまくいかないことはよくある。いすみ市の場合、稲葉氏の除草技術がちょうど地域の条件にピッタリ合ったということだろう。

ここまで、どうして短期間に有機農業の技術が確立できたのか、その経緯を紹介してきた。矢澤氏たちが有機稲作に取り組むと決めたこと、鮫田氏の精力的な研究と稲葉氏と出会ったこと、稲葉氏の技術がいすみ市の条件にピッタリ合ったことなど、それぞれ別々の出来事が、関係者の真剣な取り組みに応えるかのように、絶妙のタイミングで起こって幸運な結果を生み出したようにも見える。

しかし、もっと冷静に見れば、いすみ市の経験は有機農業を広げるにあたってどんな障壁があるのかを教えてくれている。たとえば、太田市長も鮫田氏も農家出身ではなかった。太田氏は非農家出身で両親は公務員と教員である。以前は千葉県職員だったが、農政には関わっていなかった。前述したように、鮫田氏も農業については何も知らなかった。ジャーナリストの大江正章はこの二人を評して「『有機農業は難しい。無農薬米なんてできっこない』という誤った思い込みがなかった」と肯定的に評価している[4]。それは間違ってはいないが、逆にいえば、一般的な農政担当の自治体職員がいかに有機農業に対する偏見に染まっているかということでもある。

稲葉氏についても、確かに偉大な有機稲作の指導者だったが、社会的存在としては栃木県にある小さなNPO法人の代表だ。そんな稲葉氏に各地からの指導依頼が殺到していたということは、現場に通用する有機農業の指導者がいかに少ないかを物語っている。だから、二年間で有機稲作の技術が確立したといういすみ市の経験は決して優良事例に拍手を送ればすむような話ではなく、日本の有機農業が置かれていたきわめて不利な状況下で起こった綱渡りのような、かろうじて実を結んだ成功体験だったと受け止めるべきである。

4 なぜ有機米給食が実現できたのか

収穫された有機米をどうするか

それでは最後になぜ有機米給食が実現できたのかについても考えてみよう。無農薬稲作二年目は抑草に成功して、一〇aあたり七俵（約四二〇kg）という立派な収量を上げることができた。栽培面積が一・一haだったから、合計約四tの有機米が収穫できた。次の課題はこの米をどうするかであった。

市職員の鮫田氏は「少しでも農家の手取りが多いほうがいいと思って、いすみ市が交流協定を結んでいる県外の自治体のアンテナショップで販売するなどの案を出した」というが、矢澤氏から出たのは「学校給食を通じて子どもたちに食べてもらうのが一番いい」という意見だった。このあたりの経緯を矢澤氏の話から振り返ろう。

「そもそもなぜ無農薬米に取り組むのかというと、第一には安全なものを食べられるということ、第二に環境保全、それに加えて地域の活性化を目指したからです。だとすれば、有機農業に取り組む意義を、収穫された米の使い道にも反映させるのがベストではないか、ということで学校給食で子どもたちに食べてもらおうと考えました」

矢澤氏の提案は農業部会で認められた。このとき、収穫された有機米を一俵いくらで販売するという話は農家からは一切出なかったという。農家の意識には、経済よりも、収穫された有機米をどう活かせばいいのかという「社会的意義」のほうがずっと重要だったのだろう。

ここでいう「社会的意義」には、安全な地元産の有機米を、未来を担う子どもたちに食べてもらいたいという意味が大きかったようだが、後のブランド米開発につながる「地域活性化」の発想の芽生えも含まれていた。

「豊岡ではコウノトリ米、佐渡ではトキ米と米のブランド化を図っているが、いすみ市はどうするのかという話になったとき、いすみ市には特別な自然環境の特徴がないからそういう方向性ではダメだと思ったんです。それなら、いすみ市では子どもを大事にして学校給食は全部無農薬の米にしているということの意味を、市民に感覚的にでもわかってもらえて、地域の評価を得るなかで、その次の販売が見通せるんじゃないかなと思ったんです」（矢澤氏）

生物多様性戦略に関わっていた手塚氏は、少し違う視点から、学校給食に有機米を使うことを高く評価している。

「学校給食に有機米が入ったのはすごく大きいと思います。オーガニック農産物が世の中にあることはみんな知っていますが、毎日子どもたちが学校に行って食べるお米がオーガニックだというのを親が知ることだけでも、ものすごく大きな意味がある。食の安全を否定する人はいません。オーガニック米が現実にこの地域で生産されていて、自分の子や、孫や、近所の子どもが食べている。それは親世代、おじいちゃん・おばあちゃん世代の意識にも波及すると思うんです。日常的に有機米を食べることで、オーガニックとの距離感が非常に近づいているような気がします」

市職員の鮫田氏は担当者の視点から、農家が給食に有機米を使いたいと言ったことを歓迎したという。なぜなら市として有機米を販売するための体制がまったく整っていなかったからだ。

「正直にいって、ありがたかったですね。規格、値段、認証、パッケージ、ブランド名、まだ何も決まっていなかったわけですから」

市長はどのように有機給食導入を決断したのか

このように、学校給食に有機米を使うことには関係者がみな大きな意義を見出していたが、肝心の太田市長はどのように有機給食導入を決断したのだろうか。実は、有機農業推進を決めた後も、市長は有機米の販売には不安を感じていたという。「稲葉先生と出会った頃も、有機米は作っても売れないと思っていました。こんな高い米を誰が食べるんだろうかと思って」

ところが「有機米を給食に使いたい」という意見を農家から聞いたとき、市長の頭にはすべての問題がこれで解決するという考えがひらめいた。そのときの思いを太田氏の言葉で振り返ろう。

「そうだ、給食を使えば少し税金を投入しながら農家の育成ができるというヒントを得たんです。農家から市が有機米を買い上げる価格は二万円（一俵＝約六〇kg）。学校給食会が買う米は一四〇〇〇円。六〇〇〇円の差を税金を投入して補填（てん）しても、農家にとっては付加価値がついて、子どもたちには安心で健康的なお米が提供できる。これは市民すべてが喜ぶと思って踏み切ったんです。学校給食の米を全量有機米にしろ、と」

太田市長のこの決断の背景には、旧岬町の町長だった時代に、地元産米を学校給食に取り入れた経験があり、学校給食に地元食材を導入する際のプロセスを心得ていたという事情があったと思われる。

太田市長がこの発言を行ったのは、二〇一四年「自然と共生する里づくり連絡協議会」が主催した勉強会の壇上であった。講演会の司会者として、同じステージにいた手塚氏は当時のことを次のように振り返っている。

「生産者が『とれた有機米を子供たちに食べてもらいたい』と言ったら、その瞬間に市長はそれが一番いいと思ったんでしょうね。『じゃあ、もう全部有機米食べさせましょうよ』と返したんです。びっくりしましたが、このタイミングしかないなと思って、『市長、ここでいすみ市が全量有機米でいくと明言されたということでよろしいですね』と念を押したら、市長は『いい』と言ったんです。このとき、私は『これでいすみ市は有機のまちに変わる』と思いましたね」

このシーンはいすみ市の有機給食導入のハイライトといっていい。有機農業推進によってさまざまな地域課題を解決できるのではないかという市長の期待は、このとき市長自身の決断によって実現への確かな道を歩み始めたのである。

5　その後の展開

その後のいすみ市の有機農業の展開については多くの報告があるが、ここでは「有機農業の社会化」の視点から、有機農業推進政策がもたらした成果について整理していこう。

有機米の産地形成に対する有機給食の効果

鮫田氏は二〇二二年の論文で「もし、学校給食での（有機米の）使用がなかったら、いすみ市は有機米の産地化に成功できなかったし、学校給食使用こそが有機米産地化に資する最大のポイントである」と、興味深いことを述べている。[5] 本章で指摘したように、鮫田氏が描いたいすみ市の有機農業政策の組み立ては、決して「産業化」の論理（二九ページ参照）ではなく、学校給食をきっかけに子どもを大事にする地域だというイメージを市民に理解してもらい、そうした地域イメージをもとに米のブランド化を考えたのである。その効果について、鮫田氏は『いすみっこ』という銘柄でブランド化を図っているが、学校給食での使用が抜群のブランドイメージとなり、今日まで売り先に困ったことがない」と述べている。「社会化」の論理で組み立てた有機農業政策が、結果的に産地形成という「産業化」の面でも成果を上げたということ

図2―6　いすみ市における有機米生産の推移

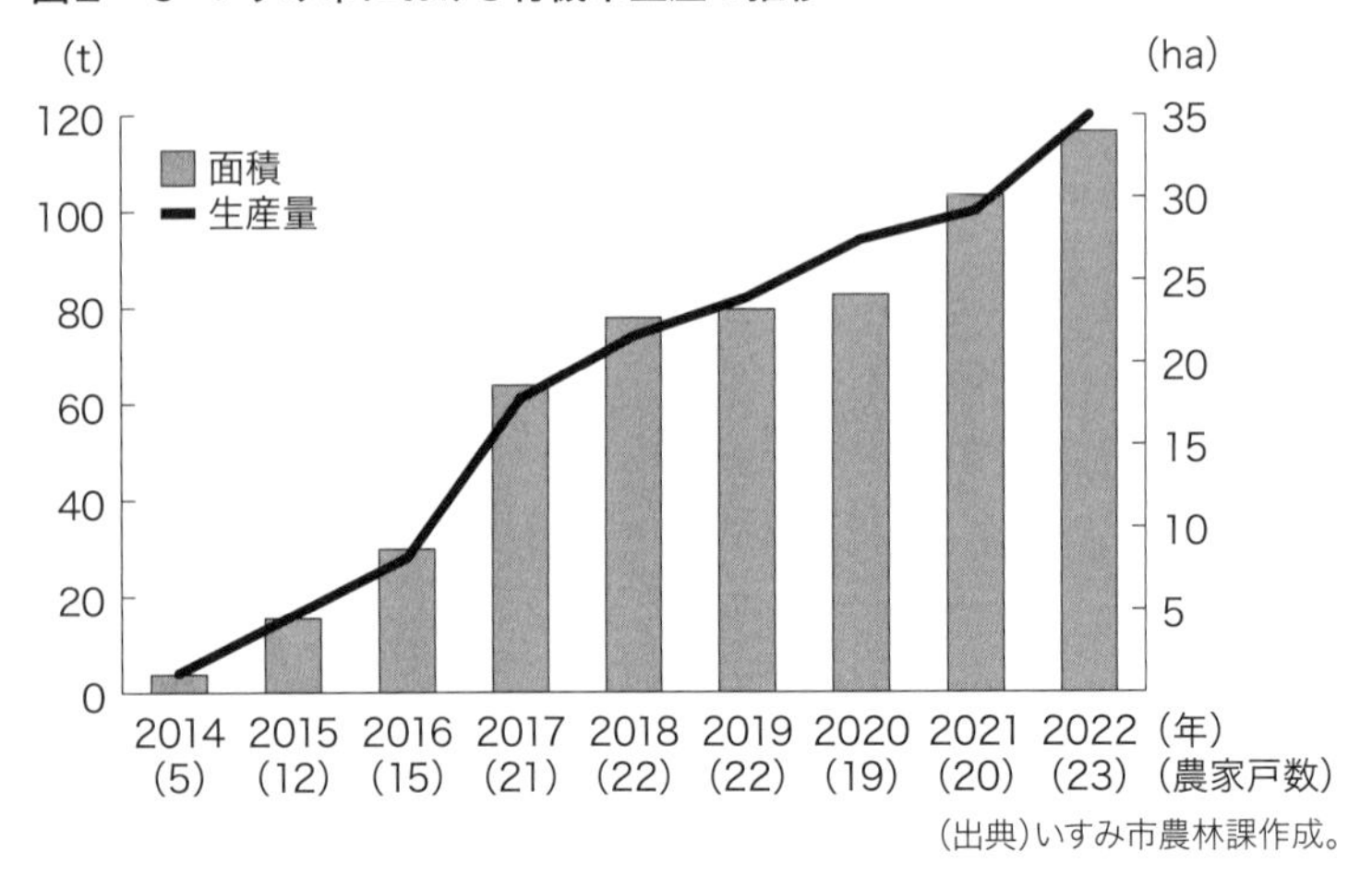

(出典)いすみ市農林課作成。

になる。

　現時点での有機米生産の広がりは、図2―6に示した通りである。二〇一四年に約一・一haだった取組面積は二二年には三四haと約三四倍に、生産量は四tから一二〇tと三〇倍に増えている。

　有機給食が産地形成に有効だというメカニズムを鮫田氏は次のように説明している。まず、「有機米の販売には農協系統や一般の米卸での取り扱いがないため、実需者を中心とする販路開拓と有利販売が必須である」。有利販売（市況を比べ、条件のよい取引先に販売すること）のためには有機JAS認証を取得するのが効果的だが、転換期間中には有機農産物と表示できないため、有利販売に苦労することが多い。また、米のブランドイメージを高める必要があるが、ブランド力なるものはそう簡単に高まるものではない。そのため有機米生産を始めた初期段階では有利販売が難しく、「有機米の産地振興においては、これが隘路（ネック）になりやすい」。

「しかし、いすみモデルの場合、転換期間中の米の大部分を学校給食に使用してきた。公共調達を活かすことで、どの産地でも売れ残りの心配がない形で、有機米の産地化に乗り出すことが可能である」。以上から、鮫田氏は「これからは、有機米の産地振興と学校給食への導入をセットで進めることが当たり前の時代になると確信している」とまで述べている。鮫田氏の指摘は地方自治体がこれから有機農業政策を進める際にとても大事なヒントを与えてくれる。

なお、二〇一八年からは、移住者を中心とした小規模農家の協力を得て、小松菜やニンジンなどの有機野菜の提供が始まり、農協や直売所も参加する「有機野菜連絡部会」が設置された。二一年、学校給食に使用する有機野菜は八品目、四・七tに増加している。

有機給食の導入による食べ残しの減少

次に、有機給食がどんな成果を上げたのかを見てみよう。直接的な成果といっていいのが、給食の食べ残し（残食）の減少である（図2―7）。ご飯の残食率を見ると、二〇一七年に一八・一%だったのが、有機米に一〇〇%切り替えてから年々減少し、二〇年には一〇%まで減った。給食全体の残食率も一七年に一三・九%だったものが年々減少し、二〇年には九・五%まで減った。

なぜ給食の食べ残しが減っているのか。鮫田氏は「因果関係を示すことはできないが、有機

図2—7　いすみ市における学校給食の残食率（年平均）

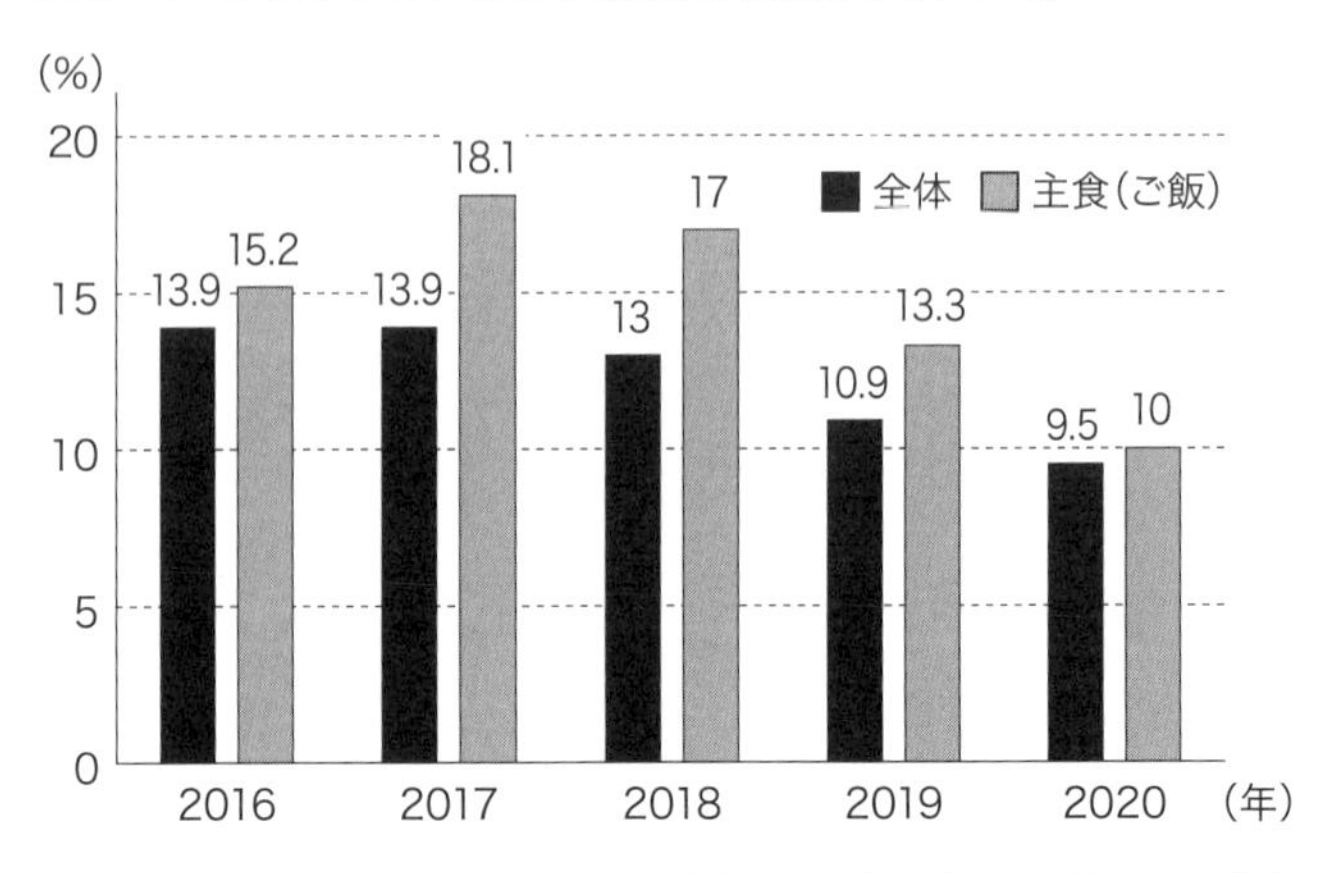

（出典）いすみ市農林課の資料をもとに作成。

農産物の導入以外に大きな変化はないため、有機農産物の導入が残食の減少につながったと考えられる」と述べている。それは想像するに、有機米や有機野菜が美味しいからという理由が考えられる。また、農業体験、食育、環境・生物多様性教育を一体化した「教育ファーム」（後述）というプログラムのおかげで、子どもたちが食べものの大切さについて理解を深めたことがあるのかもしれない。

有機給食が移住者増加に貢献

意外に思う人もいるかもしれないが、いすみ市では有機給食が移住者増加に貢献している。鮫田氏の説明を聞こう。

「人口減少地域であるいすみ市は、移住定住政策にも力を入れているが、なかでも有機給食は大きなセールスポイントであり、田園回帰を志向する子育て世代にとって、魅力となっている。宝島社の月刊誌

『田舎暮らしの本』の人気コーナー『住みたい田舎ベストランキング』では、いすみ市が五年連続で首都圏エリア第一位を獲得しています。

有機給食を実施していることが「子どもにやさしい自治体」というイメージを生み出し、それが地域外に広まって、子育て世代の移住者増加につながっていると考えられる。

生物多様性の主流化へ

本章の冒頭で、いすみ市には生物多様性保全を進める市民活動の歴史があると書いた。本章では有機稲作と有機給食に焦点を当てたので、生物多様性保全の活動にはほとんど触れることができなかったが、この活動はいすみ市の有機農業推進政策と密接に関連しながら、独自の発展の道を進んできた。二〇一五年に「いすみ生物多様性戦略」を策定した後、現在はSDGs（持続可能な開発目標）を意識しながら「生物多様性の主流化」に取り組んでいる。

なぜ生物多様性に注目するかといえば、有機農業の推進と生物多様性保全とは「車の両輪」であって、両方を並行して進めていかなければならないからである。両者の密接なつながりは手塚氏の言葉からも読み取ることができる。

「自分たちの暮らす地域の環境や景観を保全するのに、有機農業はきわめて大きな役割を果たすと僕は思っているんです。それから、ライフスタイルを現実に転換する一つのモデルを提示できるのは有機農業だと思っています。伝統的な暮らしと有機農業というのはイコールではないけども、接点がすごく多い。将来展望としては、この視点がない限り地域は生き残らないでしょう」

6 まとめ――農、食、環境が共鳴する地域づくり

いすみ市ではなぜトップダウンで有機農業を推進できたのか。有機農家が一人もいなかったにもかかわらず、なぜ短期間で有機稲作の技術を確立できたのか。なぜ給食に全量地元の有機米を使うことができたのか。本章では「社会化」という視点から、この三つの問いに答えようとしてきた。

結論として、いすみ市の事例は「産業化」の論理では到底説明できず、「社会化」の視点から見ることによって、初めてその深い意味を明らかにできたと思っている。本章で引用した鮫田氏の次の言葉は、「産業化」の論理の限界をはっきりと言い当てている。

「ほとんどの人は高所得者向けにブランド米を開発してデパートに持って行けとか、短絡的に物事をつなごうとするんですね。でも今思うと、そういうことからはいい縁って生まれてこない」（五六ページ）

無数に生まれた価値転換

それに続く「学校給食を全量地元の有機米でやっているとか、そういうことがいろんな人の共感を呼んで、人が人を呼んでいい縁が生まれてきていると思います」という言葉は、第1章で述べた「有機農業の社会化が進むと、人びとの価値観の転換が進む（価値転換の系）」（三一ページ参照）という仮説を裏付けているように思われる。

価値転換についていえば、いすみ市の事例を通して数多くの出会いと価値転換が生まれたことが理解してもらえるだろう。中貝豊岡市長の講演を聞いて「コウノトリと人間が共存できる地域をつくりたい」という思いを抱いた太田市長。

「米を売ろうなんて思っちゃあきませんよ。地域全体をよくするようなことを考えて事業を進めてください」という豊岡市職員の話を聞いて、いすみ市の有機農業政策の組み立てをつかんだ鮫田氏。

稲葉氏の講演を聞いて、「改めて農薬を使わない方向を追求すべきだという認識に変わりました」と言った矢澤氏。

こうした数々の証言は「有機農業を広げるには経済と技術があれば十分だ」という産業化の論理がいかに表面的で浅薄なものであるかを示す明白な証拠（エビデンス）である。

有機農業の多面的な機能が明らかに

第1章で述べた「有機農業はさまざまな社会問題の解決に独自の貢献をする」という仮説に

ついても、それを裏付ける数多くの証拠が得られたと思う。そのなかでも最も重要なのは「有機農業は、有機給食を通して、米産地形成に貢献する」という鮫田氏の指摘だろう。鮫田氏は前述の論文で、これを一般化して「いすみ市の取り組みは『公民協働による、学校給食を通じた有機米産地形成モデル』である」と述べている。[6] とても刺激的な問題提起である。

ほかにも有機農業の機能を指摘する声として、「有機給食は給食の食べ残しを減らす」「有機給食は移住者の増加に貢献する」(鮫田氏)、「有機給食は地域活性化に役立つ」(矢澤氏)、「有機農業は地域の環境や景観保全にきわめて大きな役割を果たす」「有機農業はライフスタイルの転換のモデルを提供する」(手塚氏)などの指摘はいずれも「有機農業が社会問題の解決に独自の貢献をする」という仮説を裏付ける証言だと考えられる。

農、食、環境が共鳴する地域づくり

最後に、このいすみ市の有機農業推進の取り組みを「農、食、環境が共鳴する地域づくり」と呼びたい。「農」は有機農業、「食」は有機給食、「環境」は生物多様性保全を表している。ややもすれば、農と食の動きに注目が集まっているように思われるが、もう一つの柱として生物多様性保全があることを忘れてはいけない。サーフィンを核としたカウンターカルチャーの伝統は、生物多様性保全の活動のほうに、より色濃く受け継がれているように思う。

「農、食、環境が共鳴する」という言葉がピッタリ当てはまる事業に「教育ファーム」があ

表2—2　いすみ市における有機農業推進と有機学校給食の歩み

実施年	取り組み内容など
	黎明期　環境重視＝コウノトリがシンボルのまちづくり
2009	●「南関東エコロジカル・ネットワーク形成に関する検討委員会」(国土交通省)に参加。
2010	●「コウノトリ・トキの舞う関東自治体フォーラム」に役員自治体として参加。
	立ち上げ期　公民協働による生物多様性のまちづくり
2012	●「自然と共生する里づくり連絡協議会」(以下、協議会)設立。
2013	●協議会会員農家が手探りの水稲無農薬栽培に挑戦したが失敗。
	始動期　有機米産地化の取り組みと地域振興
2014	●民間稲作研究所委託事業(有機稲作モデル事業)を開始。 ●モデル事業で収穫されたお米の活用先として学校給食での使用を市長に進言。 ●協議会主催の勉強会でいすみ市長が突然、学校給食米を全量有機米にしたいと発言する。
2015	●モデル事業2年目。 ●「いすみ生物多様性戦略」策定。 ●学校給食全量有機米使用の政策(レポート)提案。
2016	●モデル事業3年目(最終年)。 ●協議会主催の日韓合同シンポ(7月)でいすみ市長が全量有機米使用を目指すと発表。 ●いすみ教育ファームの授業(食・農・環境を一体化した授業、総合の学習の時間)に着手。
2017	●2017年秋の収穫をもって学校給食全量有機米使用を宣言。 ●「いすみ市土着菌完熟堆肥センター」を建設。
2018	●ICEBA(第5回生物の多様性を育む農業国際会議)開催。 ●学校給食に使用する有機米の使用量が42t(給食全体の100%)になる。 ●地場産有機野菜の学校給食導入に着手。
2019	●「未来につながる持続可能な農業推進コンクール」で農林水産大臣賞を受賞する。
2020	●第11回辻静雄食文化賞を受賞する。
2021	●学校給食に使用する有機野菜が8品目に拡大し、数量も4.7t(8品目全体の12%)になる。

(出典)市提供の資料をもとに作成。

る。これは二〇一六年から、市内の小学校五年生を対象に実施されている教育プログラムで、有機稲作を体験しながら、稲作の今と昔、田んぼの生きもの調査、生物多様性、食の安全、地産地消や食料自給率などを学ぶ内容である。講師は鮫田氏と手塚氏、稲作体験は矢澤氏が担当している。手塚氏は「この授業を受けた子どもたちが大人になってどんな地域づくりをするのか楽しみです」と大きな期待を寄せている。

（1）有機給食という場合、食材の生産地を問わずに海外産でも有機食材なら認めるという考え方もあるが、本書では一貫して、地元でとれた有機食材をできる限り使った給食だけを有機給食と呼ぶという立場に立っている。

（2）大江正章『有機農業のチカラ』コモンズ、二〇二〇年。この本で大江氏はいすみ市の事例を詳細に紹介しているが、本章とはアプローチが違うのであわせて読むことをお勧めする。

（3）この部分の記述は手塚幸夫氏の助言による。

（4）前掲（2）。

（5）鮫田晋「いすみ市における有機米の学校給食使用と有機米産地化の取組みに対する自己分析」『有機農業研究』日本有機農業学会、第14巻第1号、二〇二二年。

（6）前掲（5）。

第3章

中山間地×有機農業で生まれた「地域の力」

岐阜県白川町

吉野隆子

岐阜県白川町（しらかわちょう）は、岐阜県の中南部に位置する山間地だ。町の面積の八八％は森林が占め、五本の清流が流れる。かつては東濃（とうのう）ひのきの産地として知られた林業が盛んな町だった。長らく林業と白川茶が基幹作物だったが、現在はどちらも厳しい状況にある。

白川町は二〇一三〜一四年に増田寛也（ひろや）元総務大臣らが発表した「増田レポート」で、岐阜県第一位の「消滅可能性都市」とされた。今も町内の六五歳以上の人数は町の人口七四九九人（二〇二二年八月現在）の四六・八％を占めていて、県内の市町村のなかで最も高齢者の比率が高い（二〇一〇年）。高齢者が多く二〇〜三〇代が少ないため、どうしても自然減（死亡数が出生数を上回って人口が減る状態）が多くなり、一九八九年以降、人口は減少するばかりという状況にある。

一方で、白川町への移住者は、年によって増減はあるが、多い水準にある。当初は有機農業による就農を目指してやってくる人が多かったため、かつては注目されることのなかった有機農業に光が当たり、有機農業が盛んな地域の一つとして認識されるようになってきた。

図3—1　白川町の位置

また、報道や移住者のＳＮＳ発信、白川町を舞台にしたテレビドラマなどを通じて農家以外の移住者も増えてきた。一部の集落では移住希望者がいても家が足りないという状況が生まれている。私が中山間地エリアのＪＡの視察に同行した際には、「家が荒れていないね。人が住んでいることがわかる」という声を聞いた。

二〇二〇年の黒川地区の人口は一六五九人。この年、九家族一七人の移住者を受け入れていて、家族を含めた移住者は地区の人口の一％に及んだ。

私自身二〇年近く白川町とお付き合いしてきたが、有機農業が芽吹いた時期のことや経緯については明確には知らないできた。「有機農業はどのように広がったのか」というこの調査のテーマに沿って、白川町で有機農業が広がっていった様子を見ていこうと思う。

1　第一期　有機農業の始まり

最初の有機農家

白川町で最初に有機農業を始めた人は、「ＧＯＥＮ（ごえん）農場」の服部晃（あきら）さんと圭子さん夫妻だ。晃さんは愛知県で農業研修をした後、一九八六年に白川町白川北地区の坂ノ東集落に圭子さんとともに移住して有機農業で就農した。白川町で最初の有機農家の誕生だ。

「移住者が専業で有機農業に取り組み始めた」という情報は町内の農家にも伝わっていき、興味をもった人も多かった。

一九八九年には、佐見（さみ）地区の成山（なりやま）集落に住む中島克己（なかしまかつみ）さん、清水唯義（ただよし）さんがお世話して、服部さん一家が成山集落に転居した。米が余り始め、米の耕作地の三割を転作するよう奨励されている時期だった。

成山集落は昭和の終わりまで水田作業を共同で行っていたまとまりのよい地域だったので、農地の基盤整備事業への取り組みが早かった。服部さんが転居した昭和から平成に変わる頃には基盤整備が終わり、田んぼの管理は共同から個人による管理に切り替わっていった。

広がる減農薬栽培

この時期、白川町の有機農業の状況が大きく動く出来事があった。すでに減農薬で米作りを始めていた服部さんが呼びかけ、『減農薬のイネつくり』（農山漁村文化協会、一九八七年）の著者、宇根豊さんを招いて旧下佐見小学校で講演会を開いたのだ。

一九八九年当時、宇根さんは福岡県で農業改良普及員をしながら、「虫見板を使った減農薬稲作」を技術化・理論化して普及していた。日本の赤とんぼのほとんどは田んぼで生まれていることを明らかにし、農産物について考えるときには生きものたちも含めて捉えようと提案していた。

講演会の開催が決まると、岐阜市内の米屋「コメット」がラジオや新聞での広報を働きかけてくれた。そのおかげで講演会には七〇人ほどが集まり、成山集落に住む減農薬の米作りに興味をもつ農家も数人参加した。

この年、名古屋市で有機農産物の宅配を行う「くらしを耕す会」が立ち上がっていた。同会の代表で有機米の生産者を探し求めていた由利厚子さんも、この講演会に参加していた。減農薬の米作りに興味をもつ農家が、消費者と直接つながる「くらしを耕す会」と出会ったことで交流が始まる。由利さんがそれまでの農協の米買取価格の二倍にあたる額を提示したことから、農家は盛り上がった。

当時は米を作れば全量農協が買ってくれる時代だった。減農薬米の栽培が始まったことを知った地元ＪＡは県の農協中央会に報告し、「米の量が不足することになるのでは」と懸念した農協中央会から、「農協を通さないと販売や代金の回収が難しいから、農協に出荷してほしい」と告げられたという。

農家はどう感じていたのか。

「それまで農家はその先にある消費者の顔を見たこともなく、見えてもいなかったが、くらしを耕す会との連携を始めたことで、自分たちの作る減農薬の米を食べてくれる消費者の顔が見えて、やる気が出てきた」と有機米の栽培を始めた中島さんは消費者に向けた通信で綴っていた。

減農薬米は消費者から大喜びで歓迎されただけでなく、納得できる対価を受け取ったことで農家のやる気にも火がつき、成山集落では減農薬米の栽培が広がっていった。

やがて中島さんと清水さんが主導して佐見地区成山集落に「郷蔵米(ごうぐらまい)生産組合」が立ち上がる。郷蔵米生産組合が栽培した減農薬米は、「くらしを耕す会」に加えて、服部さんが米を販売していた名古屋の有機宅配「土こやしの会」、「コメット」を通した消費者への直接販売が広がっていく。

コメットは二〇〇〇年代に入って廃業したが、郷蔵米の販売は今も「くらしを耕す会」と「土こやしの会」の二団体が取り組んでいる。

図3―2　成山集落の地図

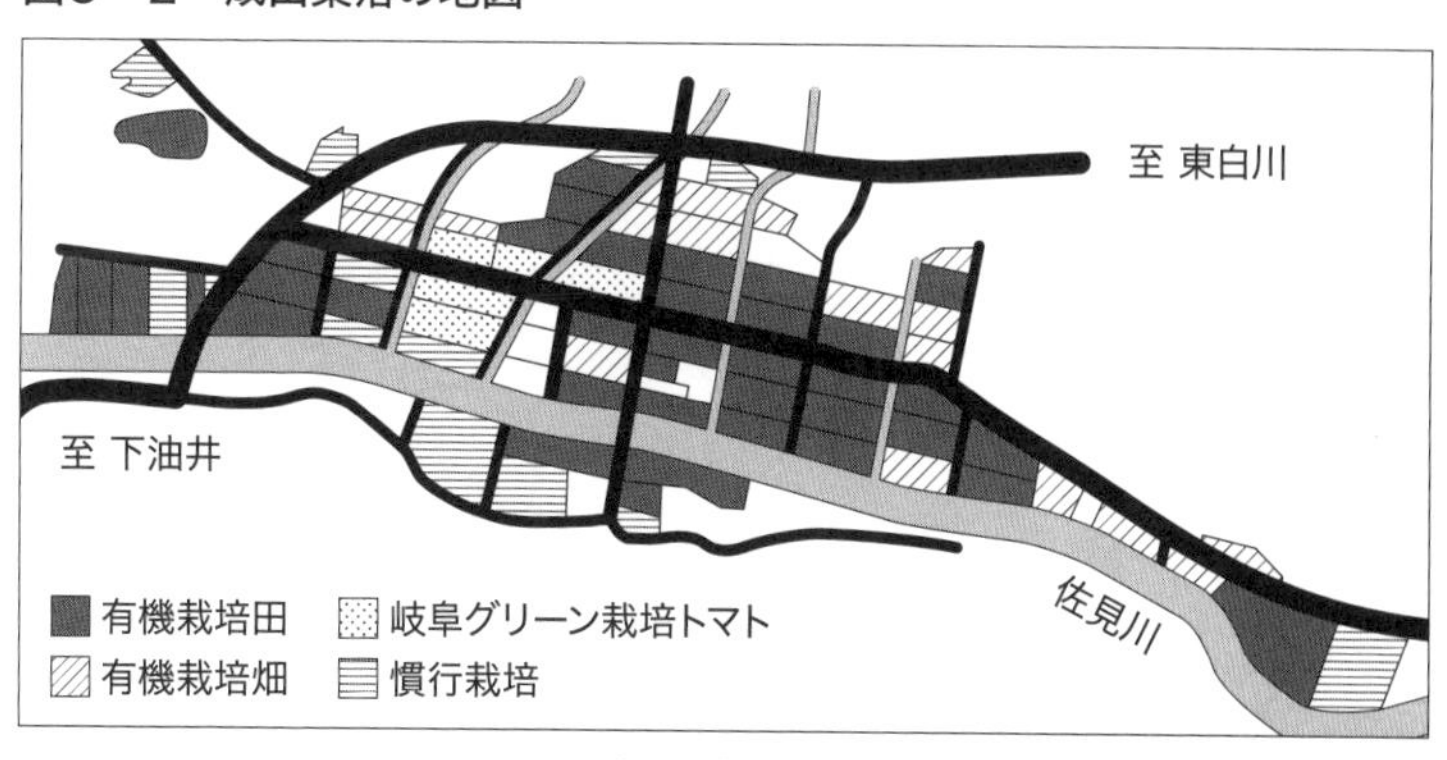

（出典）「佐見の水土里を育む会」の資料をもとに作成。

白川町では現在でも農薬の共同空中散布を行っている地区が多いが、成山集落は以前から共同空中散布が行われておらず、減農薬・無農薬の米作りができる条件は整っていた。中島さんは次第に「有機農業」を強く打ち出すようになっていき、その結果、無農薬米の栽培量が増えた。それがゆうきハートネットの結成につながっていく。

2　第二期　ゆうきハートネット結成

減農薬から有機へ

成山集落で減農薬の米栽培が始まった時期に、のちにゆうきハートネット事務局長となる西尾勝治（まさはる）さんも黒川地区で減農薬の米栽培を始めている。

西尾さんは白川町で生まれ育ち、名古屋市内の高校で教員をしていたが、服部さんの移住・就農と同時期にあたる一九八六年三月、白川町黒川地区に家族でUターン。町外の会社に勤めながら、減農薬で米作りを始めた。漠然とした知識はもっていたので、「いずれは有機農業を」という気持ちはあったのだが、手始めに除草剤の使用量を減らしてみたところ草取りが追いつかず、苦労した記憶が残っていたという。

一九九三年、有機稲作勉強会の講師として、のちにＮＰＯ法人民間稲作研究所を立ち上げる稲葉光國（みつくに）さんが佐見にやってきた。稲葉さんは当時、農業高校の教員をしながら、有機稲作の研究に取り組んでいた。

西尾さんは東京教育大学（現筑波大学）農学部林学科で学んでいたので、稲葉さんは農学部の二年先輩に当たり、学生時代から交流があった。稲葉さんとの久しぶりの再会をきっかけに、西尾さんも有機農業に取り組もうという気持ちが募っていく。とはいえ、会社勤めをしているので、農業ができる休日に減農薬の米栽培を続けていた。

一九九九年三月、西尾さんは五三歳で会社を早期退職して専業農家になった。専業初年度から無農薬での米栽培に挑戦したが、草との戦いに負ける。近隣の慣行農家は反収七～八俵（一〇ａあたり約四二〇～四八〇kg）というなか、西尾さんは反収五俵（約三〇〇kg）という結果だった。初めての有機栽培としては、よい成績だとは思うが。

この年の初めには、減農薬から有機へ進めていくことを目指し、一〇人のメンバーが集まって「ゆうきハートネット」を結成、立ち上げメンバーは、次の方たちだ。初代会長の中島さん、初代事務局長で地域の集落営農組織組合長や白川茶の製造・販売を行うますぶち園代表を経て、現在白川町観光協会会長を担う鈴村雄二さん、現理事長の佐伯薫さん、立ち上げ当時は役場の職員で現在は移住交流サポートセンター代表理事・センター長として移住者の受け入れに関わる鈴木寿一さん、収入の少ない新規就農者をアルバイト雇用で支えてきた養豚農家「あんしん豚」の藤井拓男さん、移住就農者たちに空き家を紹介してくれている弟の敏幸さん、共同で米の塩水選・種まきを行う場を提供・指導してきた中山寿喜さん、大豆畑トラストに熱心に取り組み農業委員も務める加藤千雅さん、地域の集落営農組織の組合長の藤井誠さん、そして「くらしを耕す会」の由利さんだ。西尾さんはまだ加わっていない。由利さん以外の九人は白川町の農業や地域にさまざまな形で貢献してきた。周囲から認められている人たちが関わってきたことで有機農業に取り組みやすい状況が生まれたのは間違いない。

　中島さんの後任として現在に至るまで会長を務めている佐伯さんは、ゆうきハートネットが立ち上がった当時、慣行栽培のトマト専業農家だった。有機農業には取り組んでいなかったが、ゆうきハートネットに加わった。

「誘われたときは、『有機農業を研究する会みたいな活動をしよう』という話だったので、自分自身は『有機』という言葉に縛られていなかった。いつもの飲み仲間に誘われたこともあり、飲み会を楽しみにする気持ちも大きかったし（笑）」

　ゆうきハートネット結成時の多くのメンバーに、ゆうきハートネットをつくった理由を尋ねてみたところ、「最初は、集まって飲み会をする口実という面もあったな」と返ってきた。今でもそうなのだが、彼らの飲み会は集まって思いを語り合う場。緩やかな飲み会はさまざまな人をつないで紡ぎ、学びの場ともなり、さまざまな場面で生かされてきたことを感じる。佐伯さんのその後を形づくる原動力にもなっていた。

「（中島）克己さんはあまり飲まないし、飲み会でも堅い話をしていたね。みんな飲みながらあれこれ言うから、話があっちに行ったりこっちに行ったり、有機の話が出てきたり、当時由利さんが力を入れていた流域自給の話が出てきたりするなかで、『これからは漫然と百姓をやるだけではダメかな』という気持ちになっていった」（佐伯さん）

当時四〇代前半で、地域の農業を引っ張っていく立場になりつつあった佐伯さんにとって、こうした気づきがその後の活動につながる力になったのは間違いないだろう。ゆうきハートネットの舵取りをするようになってからも、地域全体を見据えて動いてきた。

二〇一六年に行われた「全国農業担い手サミットinぎふ」では、佐伯さんは実行委員として計画段階から関わっていた。担い手サミット二日目の地域交流会は全国各地からやってくる参加者のために観光を取り入れた内容になることが多いのだが、「（白川町が属する）加茂地域交流会は白川町の新規就農者たちにスポットを当てて、彼らの取り組みについて聞いてもらいたい」との方針を打ち出し、新規就農者らのトークを白川町にある地歌舞伎小屋「東座（あずまざ）」で行った。私もコーディネーターとして関わったが、参加者がとても熱心に、新規就農者たちの話を聞いていたことが忘れられない。参加申し込みの多い交流会だったとも聞いた。

大豆畑トラストと大きな喪失

一九九九年一月のゆうきハートトネット発足から二カ月後、西尾さんがゆうきハートトネットのメンバーに加わった。西尾さんには先輩の稲葉さんだけでなく、一年後輩に有機農業の研究に取り組み、その後日本有機農業学会会長や茨城大学教授（現在は名誉教授）を務めた中島紀一（なかじまきいち）さんもいた。その頃の稲葉さんと中島さんは、立ち上がったばかりの「日本有機農業学会」や各地で有機産直に取り組むリーダーたちの団体「全国産直産地リーダー協議会」の主要メンバーであり、これらの団体を通して最新の現場の状況や研究についての情報を得ていた。二〇〇六年に成立した「有機農業推進法」（以下、推進法）に関しては、試案の作成から成立に至るまで大きな役割を果たし、日本の有機農業界をけん引する存在だった。

西尾さんがゆうきハートトネットに加わったことで、稲葉さん、中島さんの二人から直接、最新の有機農業の事例や技術に触れる機会が生まれ、そこから活動が活発化していった。

この時期、立ち上がった活動が「大豆畑トラスト」だ。日本の食に欠かせない大豆だが、大部分がアメリカからの輸入だ。そして、アメリカから輸入する大豆の多くが遺伝子組み換え大豆だと報道されると、国産大豆を求める消費者の声が広がっていく。それを受けて、各地で始まったのが「大豆畑トラスト運動」である。

トラストとは会員が信託（トラスト）して出資することによって、農家にできるだけ負担をかけないよう買い支える仕組みだ。消費者は農家を信頼して、事前に出資金を支払い、出資金の口数によって収穫できた農産物を分け合う。収穫が少なかった年は受け取り量が少なくなり、農家の状況を消費者が共有することになる。

中部地方でも由利さんが主導し、「中部よつ葉会（現在の「食と環境の未来ネット」）」「土こやしの会」に呼びかけて、一九九八年に「流域自給をつくる大豆畑トラスト」が立ち上がる。この時期全国で大豆畑トラストが生まれた。その多くは現在活動を休止しているようだが、「流域自給をつくる大豆畑トラスト」の活動は今も続いている。大豆だけでなく枝豆・米・小豆・味噌などを一緒に送る「トラスト便」は人気で、新規就農者の経営にも寄与している。

大豆畑トラストを始めるとき、メンバーは「特長のある大豆を、みんなで栽培したい」と話し合った。雑穀や豆を作っている「トッコさんち」の藤井敏幸さんが、奥さんの明美さんのお母さんである福代さんが栽培してきた大豆を作ろうと提案。気候面で白川町で栽培するのが簡単ではなく、福代さんだけが種採りをして作りつないでいたのだという。

実際に食べてみたところおいしく、味噌店や豆腐店に持ち込んだところ、「この大豆なら全量欲しい」と言われるほど高い評価を得た。最終的に、由利さんが「この豆にしよう」と判断して、大豆の品種が決まった。栽培していた福代さんの名前と、大豆が周辺地域で栽培されていた「中鉄砲（ちゅうでっぽう）」に似ていたことから、「福鉄砲」と命名された。今では、「白川町の大豆＝福鉄砲」とされる存在となっている。

こうしてさまざまな形で有機農業への取り組みが活発化し始めていた二〇〇二年八月、高速道路で後続の大型トラックが由利さんが乗っていた車に追突する事故が起きた。車は炎上し、由利さんは亡くなってしまった。

「由利さんは生産者と消費者を結ぶキーパーソンだったから、僕らは途方に暮れた」（西尾さん）

白川町の有機農業はこれからという時期だったから、メンバーの喪失感は大きかった。

有機米の勉強会

二〇〇四年になって、ゆうきハートネットのメンバーに共通する基幹作物「米」の有機栽培についての勉強会を本格的に開始した。トマト農家の佐伯さんも、有機で米を作り始めた。

有機米の勉強会で指導的な役割を果たしたのは服部さんだ。服部さんは民間稲作研究所が開催していた研修会に熱心に参加していた。稲葉さんの書籍をテキストとして使いながら服部さんが学び取ってきたことをメンバーに伝えることを繰り返し、ゆうきハートネットのメンバーは有機稲作の基本技術をマスターしていった。

座学だけではなく、種もみから苗作りまでの過程は、一緒に作業しながら学んだ。種もみを塩水に浸けて良好な種子を選別する「塩水選」、カビや細菌による病気の発生を防ぐために六〇度の湯に一〇分間浸ける「温湯消毒（おんとう）」、民間稲作研究所の稲用の育苗培土（稲を育てるための土）

を使った育苗箱への「種まき」。ここまでできたら持ち帰って各々が管理し、田植えに備える。「有機の苗作りは、昔、親たちがやっていた米作りの作業そのものだった。昔ながらの米作りをすることで、田んぼの風景や土の状態が見えるようになってきたと感じるよ」と西尾さんは話す。こうした共同作業は今も行われており、新規就農する人たちにとって欠かせない学びの場となっている。

一九九九年のゆうきハートネットの発足から由利さんの死を経て推進法が成立する二〇〇六年までの時期は、地域での勉強会や外部からの情報を活用しながら講演会を企画し、一定数以上の参加者を集めることを積み重ねていた。

佐伯さんは、「結構行動力はあったんやね。飲み会をベースにしながらも、きちっとやることはやっていた。前提として、中島さんの人望があったと思う」と当時を振り返る。

二〇〇六年頃にはゆうきハートネットメンバーの米の栽培技術が向上し、比較的安定した生産ができるようになっていく。有機稲作への自信も深めていった。

白川町役場とゆうきハートネットによる二〇一五年の調査では、町内の全水稲耕作面積二三七haのうち、有機栽培の面積は一五・五haで、六・五%に達していたという。西尾さんによれば、現在もっと増えていることは間違いないそうだ。国内における有機農業への取り組みの割合が〇・六%程度とされるなかで、かなり健闘しているといえるのではないか。

野菜の有機栽培

野菜の有機栽培も少しずつ始まっていたが、まだ家庭菜園レベルだったという。野菜の有機栽培の技術については、二〇一〇年に移住・就農した「和ごころ農園」の伊藤和徳さんが研修地である八ヶ岳で学んだ技術を、その後移住してきた新規就農者に伝えていったのが出発点となっている。

伊藤さんが研修をしていた八ヶ岳の農家は、ＷＷＯＯＦ（ウーフ）という旅人と有機農家をつなぐ仕組みを活用するウーファーたちがひっきりなしに訪れる農家だった。ウーファーは、お金のやり取りなしで有機農家に滞在することができる。海外からやってくるウーファーも多い。受け入れ側の農家は三食と寝る場所を提供し、滞在するウーファーは農業を手伝い、学ぶ。この農家で伊藤さんは研修生としてウーファーのお世話係のような役割を果たしていた。毎日段取りを整えつつ指導していたことが、今も役立っているという。八ヶ岳の気候は白川町の気候に似通っていて、栽培スケジュールもほぼ同じだったことが、のちに白川町で農業を始めたときに力となった。

移住・就農した人たちが野菜の有機栽培に取り組んでいる状況を、中島さんはこんなふうに評価している。

「自分たちは米だけに注力して野菜までたどり着かなかったけれど、若い人たちは野菜や加工に前向きに取り組んでいる。メンバーが増えて、将来も見据えて動いているのがいいね」

3　第三期　新規就農者の受け入れ開始

朝市村とつながる

二〇〇四年一〇月、名古屋の栄（さかえ）にある複合施設「オアシス21」で、「オアシス21えこファーマーズ朝市村」（二〇〇七年「オアシス21オーガニックファーマーズ朝市村」に改称）という名のオーガニックファーマーズマーケットが始まった。

二〇年近く前の行政に、仕事として「有機のファーマーズマーケットを立ち上げよう」などと思いつく人は存在しなかっただろう。だが、一人だけそんな人がいた。「いてくれた」というべきだろう。名古屋市が半官半民で始めた都市公園「オアシス21」に、名古屋市の職員として出向した加藤順一さんだ。当時の市長から「オアシス21に名物と土日の朝のにぎわいをつくるように」という課題を与えられ、この「朝のにぎわい」が「朝市」となったわけだ。私や有機農家にとってありがたかったのは、加藤さんが環境部門で仕事をしていた人だったことで、おかげで「朝市を有機でやろう」ということになり、私に声がかかった。

「有機」「オーガニック」という言葉を知る人は少ない時代で、集客にも苦労していた二〇〇五年八月、西尾さんが「ゆうきハートネット」の名前で、米・大豆・原木椎茸を携えて朝市村に初出店する。

最初の移住者

二〇〇六年の初めに、西尾さんから「今年はトラストで米を作りたいんだよね」と聞かされた。同じ頃、朝市村に相談にやってきたのが、塩月洋生（しおつきようせい）さんと祥子（しょうこ）さん夫妻だ。

「無農薬で米を作るトラストをしたいと思っているのですが、受け入れてくれる農家を紹介してもらえませんか」

目的はストローベイルハウスを造るためのわらを入手することだという。牛のエサにするわらをブロック状に固めたものをストローベイルと呼ぶが、それを壁として使う家造りで、家の中が静かなうえ、空気がきれいで湿度を壁が調整してくれる家となる。二人は自分たちがいずれ暮らすストローベイルハウス造りのために無農薬で米を作り、ストローベイルを作りためておこうと考えていた。

ストローベイル作りには長いわらが必要だが、近年のコンバイン（収穫機）は稲刈りと同時にわらを裁断して田んぼに散布してしまうため、長いわらを入手するためには、旧式の機械か、自分の手で鎌を使って稲刈りをする必要があった。

これが私にとって最初の橋渡し役となったのだが、余計なことは考える必要はなく、運よく出店していた西尾さんに、洋生さんと祥子さんを引き合わせただけだった。

二人はすぐに白川町に行き、「ここで米作りをする」と決めて通い始めた。「いずれは田舎に移住したい」と言っていた二人だが、半年経たないうちに白川町への移住を決め、西尾さんに家探しを頼む。家が見つかって二人目の子どもが生まれた直後の二〇〇七年春には、名古屋の街中から白川町へ移住していった。

二人は二〇一一年に念願のストローベイルハウスの建築を始める。二級建築士の洋生さんが設計。建築場所は二人で探して決めたが、八人いる地権者に交渉したのは西尾さんだ。

建築に使った木は、西尾さんの持っている山から伐り出して製材した。敷地の造成や建築には、地元の土木会社や建設会社の人たちが力を注いでくれた。壁塗りはたくさんの人が参加して、ワークショップで仕上げた。富山からやってきた若い左官職人も加わった。

「移住からストローベイルハウスができるまで、たくさんの人にお世話になったので、そのご恩を次に移住してくる人たちに返していきたい」と、二人は自分たちより後に入ってくる移住者のお世話をするようになっていく。

祥子さんは自ら希望し、地域の人たちの推薦も受け、二〇一九年から移住・定住サポートセンターの集落支援員を務めるようになる。本人の希望通り、移住者の支援が仕事になって力を発揮している。

有機農業推進法の成立と新規就農者の増加

二〇〇六年一二月に推進法が成立する。議員立法として国会に提出され、全党合意で成立した。翌〇七年に基本方針が示され、〇八年には有機農業を推進するためのさまざまな事業が始まった。

しかし、白川町ではこうした事業にすぐに手を挙げるという雰囲気はなく、初年度は何にも取り組まなかった。

二〇〇八年の秋、農林水産省（以下、農水省）の東海農政局生産経営流通部長だった栗原眞（まこと）さんは、東海農政局管内に地域有機農業施設整備事業を活用して研修施設を造りたいと考えていた。「そういうことが可能な地域はないだろうか」と聞かれたとき、私が思いついたのは白川町だけだった。

栗原さんがこんなことを考えたのは、農水省の環境保全型農業対策室長だった頃に推進法の策定に関わっていたためだ。

研修施設を造らないかという提案に、ゆうきハートネットのメンバーも乗り気になった。町の支援も受けながら計画を作り無事採択されたが、そこからさまざまな問題が起きた。最も大きな難関は、決定した建設予定地が敷地の造成を必要とする場所だったにもかかわらず、この事業では造成費用を出すことが認められないことだった。建設をあきらめかけたが、それまでは有機農業に対して協力的ではなかった町が手を差し伸べてくれた。そして、二〇一〇年三月、最初の研修施設である「くわ山結びの家」ができた。

地域有機農業施設整備事業と同時に、この年から有機農業推進モデルタウン事業も受託し、講演会や外部への視察などにも取り組んだ。視察によって得た情報は生かし、堆肥（たいひ）や育苗培土作りを外部の農家に通って学びたいという希望があったときには、必要経費の半分を補助した。

メンバーたちは国の事業を受託したことで、社会的な立場をはっきりさせて、責任をもって運営ができる体制にする必要性があると考えるようになり、二〇一一年「ゆうきハートネット」をＮＰＯ法人化した。

就農相談コーナーの設置

二〇〇九年一〇月、有機農業を始めたい人たちの就農相談を受ける場所として、朝市村に「有機就農相談コーナー」を開設した。制度面のアドバイザーとして東海農政局の就農支援担当者が関わっている。

この相談コーナーを通じて有機就農希望者を研修先の農家につなぎ、さまざまな形で育ててきた。研修や経営確立を給付金で支援する制度「青年就農給付金（現在の農業次世代人材投資資金）」が二〇一二年に始まった後は、愛知県の研修機関として研修生を受け入れ、本人の希望や条件によっては朝市村以外の研修受け入れ先につないでいる。就農地探し、時には行政との面談にも同席する。

就農相談にはいろいろな人が訪れる。意外に感じるかもしれないが、まったく農作業をしたことがないのに農業を志す人も多い。農業未体験者には一週間程度、体験をしてもらうことから始める。残念だが、多くの人はここで消えてしまう。

農業体験がある人には、どこで就農したいかを問う。明確な希望地がなければ、どんな場所で就農したいか聞く。すでに自宅があるなら、そこに住んで就農するのか、引っ越すことも想定しているのかなどを確認して、研修先・就農地を絞り込んでいく。人同士に相性があるように、人と地域にも相性がある。白川町はよいところだが、誰もが移住して幸せに暮らせるかといえば、そうではない。

朝市村を通して白川町で就農した人たちは、白川町の名前もどんな場所かも知らないでやってきた。どんな場所がいいかという問いかけには、近くに山があること、水がきれいなところ、寒冷地、といった希望が並んだ。当初は受け入れをお願いできる場所でその条件を満たすのは、白川町だけだった。朝市村は岐阜県の研修機関ではないから、就農希望者を送り込むだけ。あとはゆうきハートネットが引き受けてくれる、という関係があったからできたことだ。

朝市村から新規就農した人たち

実際に白川町で就農した人たちの取り組みについても紹介しておきたい。

最初に朝市村から就農したのは、「たわわ農園」の加藤智士さんだ。二〇一〇年に名古屋市から白川町に移り住み、完成したばかりの研修施設「くわ山結びの家」の最初の入居者となった。研修を受けたのち黒川地区の空き家を紹介してもらい、加藤さんは気に入って移り住んで就農した。高台に建ち、家の前に小さな田んぼがある。遠くに美しい山並みが連なり、景観がとても美しい。この家につないでくれたのは、前述の雑穀農家「トッコさんち」の藤井さんだ。ゆうきハートネットのメンバーはアンテナを張っていて、空き家が出ると移住希望者につなぐ。その結果が次に述べるような移住者の定着だ。

二〇一二年には、「暮らすファームSunpo」の児嶋健さんが、家族とともに黒川地区に移り住んだ。家族がいたので一軒家に入って就農する。

二〇一三年には椎名啓さんと紘子さんが相談にやってきた。「家と田んぼがあるから、研修なしで始めてみては」という西尾さんの勧めに従って佐見地区に移住。田んぼと山仕事がしたいという気持ちを表した「田と山」という農園名で就農する。

ここまでに白川町に入った研修生は、研修時に向けた農水省の補助金「青年就農給付金（準備型）」を受け取る体制が整っていなかったため、補助金を受け取らずに研修を受けている。

二〇一四年には、岐阜県の就農準備研修制度として、白川町・東白川村・ＪＡめぐみの二町村一ＪＡが関わっている「あすなろ農業塾」制度を有機農業研修でも適用できるようになった。有機農業を教えることができるあすなろ農業塾長がいるのは、岐阜県内で白川町だけとなっている。現在のあすなろ農業塾長は、服部さん・西尾さん・伊藤さん・「五段農園」の高谷(たかや)裕一郎さんの四人となっている。

当初はトマト農家の育成のためにできた制度で、研修生は青年就農給付金の年間一五〇万円、研修を受け入れる「あすなろ農業塾長」は年間六〇万円を受け取る。研修生を受け入れるのは大変だが、かける労力への対価が存在していることは、育てようと思う人を増やすことにもつながる。この塾長への謝金は岐阜県独自の施策だ。研修受け入れ側にこのような対応をしていない県も多いが、経費さえ研修受け入れ先が負担しなくてはいけない状況では、研修生を受け入れようと思う農家を増やすことは難しいと感じている。

農業＋農的X

白川町に移住・就農した人たちは米や野菜の栽培を基本としているが、そこに林業・狩猟・原木椎茸の栽培・堆肥や育苗培土の製造などの農業につながる取り組みを加えることで、それぞれの農業経営に厚みを加えている。さらに、山や清流、景観などの「恵まれた自然環境という地域資源」に、自分の得意分野を掛け合わせて新たな価値を生み出し、さまざまな体験を行うことで、町外からやってくる関係人口を増やしてきた。

彼らの取り組みは「半農半X」と表現されることがあるが、本来の半農半Xは自給的な農業で食べながら、もう半分の時間で自分がやりたいと思っていることで社会に関わっていく形であり、白川町で就農した人たちの取り組みとは少し違うように感じていた。冬の間は寒さで農業ができないが、春から秋にかけての時期はしっかり栽培し、販売もしている。だがそれだけではなく、農的な何かに取り組むことで、自分も楽しみつつ、経営の支えにもしている。私は彼らの取り組みを、「農業＋農的X」と呼んでいる。実際の取り組みを紹介しよう。

「和ごころ農園」の伊藤さんは、塩月さんとのつながりが縁となって二〇一〇年に就農したが、ここでも西尾さんの家探し能力が発揮された。当時一人暮らしだった伊藤さんには広すぎる家だったが、純子さん（塩月祥子さんの友人）と結婚して子どもが二人生まれた今では、広すぎることはないはずだ。就農から間もない時期に朝市村に出店を始めたが、その頃は野菜セットと朝市村での販売を経営の中心としていた。次第に感性の赴くまま、さまざまな取り組みを始めていく。

「大人が年間に食べる米は稲一〇〇〇本分だから、一〇〇〇本植えて自分の食べる分のお米を自給しよう」という「１０００本プロジェクト」は、開始して数年になる。伊藤さん自身が半農半Xを提唱した塩見直紀さんのもとで取り組んで、農家になろうと決心するきっかけともなった大切なプロジェクトだ。そのほか、アメリカの「エディブル・スクールヤード（食べられる校庭）」のように、子どもたちと一緒に野菜や米を種から育てて収穫し、裏庭に作ったかまどで調理してみんなで食べる体験は「エディブルクロカワヤード」と名付けた。また、近年は耕作放棄が増えてきた白川茶の茶畑を三年間刈らずに育てて枝ごと収穫、裁断して葉と茎に分けて薪の火で焙煎して作ったのが「三年番茶」だ。パッケージはデザイナーの純子さんが手がけている。

「暮らすファームSunpo」の児嶋健さんは、野菜の生産と販売はもちろんだが、暮らしに根差した農園であることを大切にしている。「暮らすファームSunpo」では、シャワークライミング(沢登り)・キャンプ・バーベキューなどのアクティビティが体験できる。児嶋さんが会社員時代から携わってきた子ども向けの自然の中での体験を、白川町の自然を活かして「シャワークライミング」として提供し、消防団活動で知り合った地元の若い友人たちにも手助けしてもらって運営している。都市部から来た人たちの声や反応を通して、地元の若い人たちに白川町の魅力を知ってもらい、自信をもってもらうことにもつながっているという。妻の陽子さんが取り組む「道草Sunpo」のリースは、陽子さんが種から育てた草花や山で採取した葉や枝を、ていねいに乾燥して作った美しいリースだ。白川の里山を愛おしみながら暮らしていることが伝わってくる。

以前の直売は、都市部のマルシェへの出店だったが、最近は農園で「ヒュッゲマーケット」を開いて、都市部や周辺地域から白川町を訪れてもらう場もつくった。地元で有機農業をしながらお菓子作りをしている移住就農者や、清流で釣ったアユを焼く地元の若者なども出店し、たくさんの人が訪れてにぎわう。近辺にお願いして駐車スペースを確保しているが、「この前は一〇〇台来たらしい」「今回は八〇台くらいか」などと、ゆうきハートネットのメンバーは驚きつつ見守っている。

「田と山」の椎名さんの暮らしは、西尾さんによれば、地域の人が忘れかけていた、かつての佐見や黒川周辺の暮らしそのものだという。具体的には、春から秋にかけて米作りをして、冬には山仕事をしつつ狩猟をする暮らしだ。

二年目からは佐見地区室山集落の棚田も守るようになった。室山集落は七〇~八〇代の高齢者で構成されているにもかかわらず、美しい棚田や景観が住人の努力で守られてきた。椎名さんは「田守りさん」たちの手を借りながら、室山の美しい棚田を守っている。

妻の紘子さんは、「里山のようちえん」を運営している。子どもに自然体験の機会を提供する「森のようちえん」に興味をもって学ぶうちに、子どもが育つ環境として、かつての暮らしが営まれる棚田のような場はもってこいだということに気づいた。仕事をする大人の周りで子ども同士が工夫しながらものびのび遊び、気が向けば手伝う。大人は助かるし、子どもは認められることで成長していくという。里山のようちえんでつながった人たちの多くは、棚田の「田守りさん」としても活躍している。

「五段農園」の高谷さんは、二〇一四年に移住して研修に入り、一五年に黒川地区で就農した。家も藤井さんのおかげで早めに見つかった。

当初は野菜ボックスの宅配を中心にした経営を考えていたが、冬の間は休まざるを得ないことから、ほかにできることを探していた。そうしたなかで気づいたのが、有機農業に使える質の高い育苗培土が手に入りにくいことだった。そこから堆肥・育土研究所の橋本力男(りきお)さんのコンポスト学校に通って育苗培土や堆肥を作る技術を身につけることにつながり、「けんど君」という育苗培土を生み出す。市販の育苗培土は化学肥料を加えていることが多いが、化学肥料には表示義務がないため、化学肥料が含まれていても有機農家が気づかずに使ってしまうこともあり得る。苗の質を決める育苗培土をどう入手するかは課題だったので、「けんど君」ができたことは地元農家にとってありがたかった。朝市村の農家にも、「育苗培土を買うならこれを」と勧めるようになった。

高谷さんが最初に借りた堆肥舎は元鶏舎だった場所を改造した施設だったが、その後、堆肥舎を増築している。この育苗培土や堆肥を作る仕事を拡張していくのではなく、その技術を伝えて地域で作る人を増やしていきたいと考え、二〇二〇年から「堆肥の学校」を運営している。

4 第四期 未来を見据えた世代交代

ゆうきハートネットは、二〇一九年から世代交代を始めた。二一年には理事長の佐伯さん以外のメンバーが理事を降り、移住してきた新規就農者たちが新たに理事となって、彼らを中心に回していく体制に移行した。これまでのメンバーは必要があればサポートする形で、運営を完全に移行したといっていい状態になっている。

「移住者は地域を変える起爆剤になる。そのための受け皿づくりを強化する必要があるということも世代交代する理由」と佐伯さんは説明する。

「自分自身は次男が農業を継いでくれて、今年一〇年目になる。継いでくれたことは半分うれしいけれど、これから息子たちの時代がどうなっていくんだろうなって考えてもいる」。農業だけでなく、地域の若者が減っていることも何とかできないかというのが佐伯さんの活動の動機になっているという。

「有機の人たちがどんどん白川に入ってきてくれることで、次の世代が増えるのがいい面だし、だからこそ応援していかないと、と思っています」と力を込める。

5 三つの転換点

白川町の有機農業の広がりには、三つの転換点がある。

最初の転換点は「ゆうきハートネットの結成」、二つめの転換点は推進法制定後に、国の二つの有機農業推進事業である「地域有機農業推進事業（モデルタウン事業）」と「地域有機農業施設整備事業」を受託したこと。三つめの転換点は「二〇一八年度農林水産祭豊かなまちづくり部門での内閣総理大臣賞受賞」だ。

転換点には、「きっかけ」と「原動力」が存在している。しかし、それだけでは、大きな転換にはなり得ないように感じる。「きっかけ」と「原動力」に「推進力」、そして「側面支援」が加わることで、大きな転換が起きるのではないだろうか。

三つの転換点にどんな人が関わり、転換がどのように起きたのか、確認してみたい。

①第一の転換点　一九九九年　ゆうきハートネットの結成

- ●きっかけ…服部晃さん・圭子さん
- ●原　動　力…中島克己さん・清水唯義さん
- ●推　進　力…由利厚子さん
- ●側面支援…宇根豊さん・稲葉光國さん・中島紀一さん

ゆうきハートネットが生まれるきっかけをつくったのは、白川町に初めて有機農業をもち込んだ、服部晃さんと圭子さんだろう。

原動力になったのは、立ち上げを呼びかけた中島さんだ。清水さんと相談しながら進めた。「立ち上げのときに克己さんがいなければ、ゆうきハートネットはできなかった」とゆうきハートネットの事務局長を長く務めた西尾さんは断言する。「克己さんは、『何があっても有機農業』と主張していた。あの芯の強さがなければ難しかったと思う」

推進力となったのは、「くらしを耕す会」を率いていた由利さんだ。由利さんとの出会いがなければ、有機の米を求めている消費者とも簡単には出会えなかっただろう。農家は消費者が見え、そして価格面でもやる気が出たからこそ、有機農業に熱心に取り組むようになったことは間違いない。

そうした動きを側面から支援したのは、宇根豊さん・稲葉光國さん・中島紀一さんの三人の存在だ。インターネットにも有機農業に関する情報は少なく、本もまだわずかしかない時期に、三人とも白川町にはかなり何度も足を運んでいる。この三人から直接得ることができた知見は意欲を裏打ちし、大きな後押しになったはずだ。

②第二の転換点　二〇〇九年　農水省の二つの有機農業推進事業の受託と新規就農者の増加

●きっかけ…オーガニックファーマーズ朝市村
●原 動 力…ゆうきハートネット
●推 進 力…栗原眞さん（東海農政局生産経営流通部長、当時）
●側面支援…白川町

オーガニックファーマーズ朝市村で就農相談を受けるようになったのは二〇〇九年、相談コーナーを通して白川町に移住・就農する人が現れるようになったのは一〇年以降となる。

二〇〇六年に推進法が成立したのちにできた基本方針に基づく「有機農業推進事業」のうち、ゆうきハートネットは二つの事業を受託した。

この事業を活用して二〇一〇年三月に研修施設「くわ山結びの家」が完成していたことは、新規就農者の受け入れに大きな力となった。

国は大きな農業を目指し、有機農業者は異端者的な扱いを受けることが多かったが、「国の補助事業を受託したことで、表に出ることができたという実感があった」と西尾さんは思い起こす。有機農家にとっては、精神面での転換点にもなっていたのかもしれない。

調査当時（二〇一九年一月）の町長だった横家敏昭（よこやとしあき）さんは、「町内の有機農業については、町が呼びかけているわけではなく、行政側からの働きかけは何もない。ゆうきハートネットから行政への補助金などへの要求もなかった。自主的な動きでした」とゆうきハートネットが主体的に動いた結果として有機農業が広がっていることを、高く評価していたことが印象に残っている。

しかし実際は、国の補助事業に民間だけで取り組むことはできない。白川町役場の人たちが協議会のメンバーとしてだけでなく、事業の運営面をていねいに支えてくれたおかげで、初めて可能になったことは間違いない。

③第三の転換点　二〇一八年度　農林水産祭「豊かなまちづくり」部門での内閣総理大臣賞受賞

- きっかけ…白川町役場
- 原　動　力…ゆうきハートネットメンバー
- 推　進　力…東海農政局　豊かなまちづくり審査・農林水産祭審査
- 側面支援…白川町役場・岐阜県庁

私は東海農政局の「豊かなまちづくり表彰審査会」の委員をしている。二〇一六年に一度白川町が候補に挙がったときは別の団体だったが、審査会に出席していた当時の農林課長、伊佐（いさ）

治優（じまさる）さんとゆうきハートネットが候補になったかと思ったことを雑談したところ、一八年にゆうきハートネットを候補に挙げてきた。

私は書類審査に参加できなかったのだが、あまり評価が高くないと聞いていた。しかし、当日現場で熱く語るメンバーの話を聞いて評価がすっかり変わったようで、東海の代表となった（現地審査には立ち会ったが、関係者のような存在だったので採点からはずしてもらった）。全国の審査時にオブザーバーとして参加したとき驚いたことは、町や県の行政関係者から、「ゆうきハートネットがこんなことをしていたなんて知りませんでした」という言葉を何度も聞いたことだ。草の根の取り組みは声高に語らなければ伝わりにくいということなのだろう。受賞は行政に目を向けてもらうきっかけになるだけでなく、取り組みを幅広い層の方に知ってもらえるようになった。

伊佐治さんはこの年、黒川地区に有機農業を主とした長期・短期の研修生の受け入れや、地域の人たちの交流の場となっている農業研修交流施設「黒川マルケ」建設にも尽力。現在は町議会議員として活動している。

6 有機給食の広がり

ごく最近始まった学校給食への取り組みについても触れておきたい。着手から短い期間で着実に広がっており、全国的に見ても、群を抜いて早い事例だろう。

　有機で移住・就農した農家に共通する願いは、「自分が栽培した野菜や米を、学校給食として子どもたちに食べてほしい」ということだ。白川町の学校給食に有機の農産物を納入するきっかけをつくった「千空（ちそら）農園」の長谷川泰幸（やすゆき）さんは、「どうしたら有機給食を始めることができるのか、わからなかった」と話す。

　長谷川さんは二〇一四年に、家族とともに横浜市から白川町に移住・就農した。横浜にいた頃に子どもたちがお世話になった幼稚園には、移住・就農して以降、自分の作った農産物を届け、給食に活用してもらっていた。そして、「今自分の四人の子どもたちが日々食べている白川町の学校給食にも、自分や仲間が栽培した米や野菜を使ってもらいたい。そのために、給食センターと仲よくなりたい」と願っていた。

　二〇一八年に長谷川さんは町内のＰＴＡ会長の集まりである連合会会長になった。翌年三月に行われた会議で、給食センターの栄養教諭と同席する機会があった。「僕の栽培した有機の米や野菜を、給食に納入できないでしょうか」と話しかけたところ、そこからすぐに状況が動き出した。

　長谷川さんにとってはありがたいことに、白川町の給食は長年「地産地消」が柱となっていた。そのおかげで、町内の米や野菜を活用する下地ができていた。これまで出荷してきた慣行農家が高齢化していることもあり、比較的若い有機農家の今後が期待されているようだ。導入はスムーズに進み、相談をもちかけた翌月の四月には黒米を納入し、その後はスナップえんどう・ズッキーニ・里イモなど、旬の野菜を納入した。

ここまでは長谷川さん個人の取り組みだったが、長谷川さんは次のステップとして、長く続けられる仕組みにすることを目指した。二〇一九年一〇月には「ゆうきハートネット」の若手メンバーを中心に、持ち回りで納入する形に移行していき、実績は年間一五回の納入となった。

給食に納入する野菜の規格は、調理の場で使っている電動スライサーにかけることができるサイズの範囲内であることが求められる。小さすぎても大きすぎても、給食センターのスライサーにかけられない。そうなるとどうしても手作業が必要になってしまうので、それを避けるべくサイズには注意を払う必要がある。

多くの学校給食では、ほぼ毎日ニンジンを使う。白川町の給食センターでも同様だが、有機のニンジンは市場で仕入れているニンジンより小さい傾向にあり、どうしても調理に手間がかかる。それに対応するため、白川町の給食センターでは、「メニューの下処理が煩雑な日ではなく、週に一～二回、余裕がある日を選んで有機のニンジンを使っています」。タマネギの規格は以前一玉二五〇g以上としていたが、有機農家の状況を理解して二〇〇g以上に変更されるなど、農家が対応できる体制を整えてもらっている。

長谷川さんはこうした対応をありがたく受け止め、「可能な限り、スライサーのサイズに合わせて作っていくのが農家の課題だと思っています」と話す。

二〇二一年の三月には米の納入を始め、一〇月には月一回「有機米の日」を設けることが決まった。有機米の日には毎回農家が学校に出向いて、子どもたちに米作りや生物多様性の大切さを伝えている。

米についても課題があった。米が変わると、炊飯に使う水の量も炊飯時間も違ってくる。給食センターでは安定的に炊飯できるように、計算して、調整して、記録をつけて、対応を重ねたという。

野菜も米も、有機の農産物は機械的な対応だけでは難しい面がある。継続する仕組みにするためには、農家と給食の作り手である栄養教諭や調理師らが互いに理解し合うことが前提になることがよくわかる。

長谷川さんが有機給食の導入時にお世話になった栄養教諭はその後異動したが、仕組みがある程度できていたため、白川町の有機給食は滞りなく継続している。現在、給食に使う米のうち有機米が占める割合は、全体の約五％になっている。

7 地域とのつながりを大切に

有機給食について話を聞くなかで、移住・就農した人たちは、町内の慣行農家ともしっかり向き合っていることが伝わってきた。

「暮らすファームSunpo」の児嶋さんは、「有機給食を一気に広げたいとは考えていない。有機給食は地域と大きく関わっているので、まずは地域農業をどう運営し、どう存続していくのかについて中長期的なビジョンが必要だと思っています」と説く。

長谷川さんも力を込めて話す。「僕らの農地面積はまだまだ少ない。地域の農業をすべて担えるわけでもありません。地域の慣行農家は大事にしないといけないから、対立ではなく融和していきたい。最近は僕らがやっていることにかなり理解を示してもらえるようになってきたし、営農組合の方たちとも、『これからのことを考えると助け合っていかないと無理』というようなことを話すようになってきています」

ただ給食を有機化すればいいというのではなく、広い視野をもち、町内全体のことを考えて動こうとしている姿勢が、慣行農家との共感につながっていると感じた。

黒川地区では実際に、慣行による集落営農と有機農業が歩み寄り、慣行と有機の区別をせずに、「黒川の農地」を守って耕作放棄が出ないようにしていこうという方向で話し合いが始まっている。

最後に二〇二〇年以降の動きをいくつか紹介したい。

二〇二一年には『有機農業でつながり、地域に寄り添って暮らす――岐阜県白川町　ゆうきハートネットの歩み』（筑波書房）という本が出版された。一七年三月まで岐阜大学教授として白川町とも関わりのあった荒井聡さん（現福島大学教授）が中心になって編まれた。西尾さんがゆうきハートネットについて、私が朝市村とのつながりについて書き、移住・就農した伊藤さん・児嶋さん・椎名さん・高谷さんがそれぞれの取り組みを記している。

二〇二〇年には「白川町グリーンツーリズム協議会」が立ち上がり、二一年に公式ガイドブックと銘打って『イトシキ』という冊子を作成した。町内で体験できるオリジナリティあふれたアクティビティや飲食店・宿泊の情報を愛情たっぷりに紹介した、白川町の魅力が満載の冊子だ。第一号は移住者の多い黒川エリアの紹介だったが、二二年に発行した第二号では、他の地区も取り上げている。

制作を担っているのは「白川町在住・白川町を愛してやまないイトシキ方々」。有機農家を含む移住者たちを中心とした人たちが、白川町の魅力をさまざまな形で伝えている。

この冊子から感じられるのは、移住者だけではなく、白川町で生まれ育った人たちもクローズアップして一緒に地域を盛り上げようとする姿勢だ。移住・就農した有機農家が、地域の慣行農家と向き合う姿勢ともつながる。

この地域を愛し、地域住民とも日常的に交流しているからこそ、この冊子ができあがったのだろう。こうした姿勢と他の地域での暮らしを経験してきた移住者だからこそもっている視野が、白川町の有機農業の未来を形づくっていくのだろうとも感じている。

第4章

山形県高畠町

五〇年の農民運動が築いた自主・自立の共同体

谷口吉光

山形県高畠町（たかはたまち）は、埼玉県小川町や宮崎県綾町（あやちょう）などと並んで有機農業が盛んな地域として有名である。歴史も長い。高畠町で有機農業がスタートしたのは「高畠町有機農業研究会」が設立された一九七三年とされているから、約五〇年の歴史がある。その頃、日本では有機農業運動が始まったばかりで、高畠町は日本の有機農業の文字通りの先駆者だといっていい。

当時の日本には「有機農業」という言葉も、「農薬や化学肥料を使わずに作物を育てる」という考え方もなかった。現在のように「無農薬」や「オーガニック」という言葉を誰もが普通に使っている時代から見ると、五〇年前の高畠町の様子を想像するのは難しいかもしれない。

農薬と化学肥料を使うことが当たり前だと思われていた農村の真っ只中で、高畠町の有機農家たちはその「当たり前」に立ち向かったのである。とてつもない勇気と情熱が必要だったに違いない。その情熱の源は「農民の自主・自立を求める運動」という言葉に凝縮されている。

さらに驚かされるのは、五〇年前に始まった運動が現在でも生き生きと、力強く続いていることである。本章では星寛治(ほしかんじ)氏ら何人かを運動のリーダーとして紹介する。いずれも五〇年前に有機農業を始めて、今も現役で(あるいは後継者が)地域を変える運動の先頭に立っている方ばかりだ。運動の「いのち」がこんなに長い間、集団で保たれている例は全国でも他に類を見ないのではないだろうか。

もう一つの、そして最大の驚きは、高畠町の有機農業の実績全体がほぼ農民運動の成果だといえることである。現在、高畠町における有機農業の面積は約一〇〇haであり、約三〇〇〇haある町の水田全体の三・三%に当たる。日本全体の有機農業比率は〇・六%だから、五倍以上である。

「民」と「公」という区別をすると、高畠町の有機農業は一貫して「民」、すなわち農家自身の取り組みだった。栽培・販売・経営に関する技術を獲得するだけでなく、都市の消費者との交流、移住者の受け入れ、全国の大学との交流などの幅広い取り組みのほぼすべてを、町内の数十人の有機農家たちが自力で実行してきた。「公」としての高畠町役場が有機農業に本格的に取り組んだのは二〇〇八年の「たかはた食と農のまちづくり条例」からだから、行政の関わりはつい最近のことなのである。

こうしたすばらしい実績をもつ高畠町の有機農業だが、最近は高齢化や世代交代、有機農業の面積拡大に頭打ちの傾向が見られるなど、いくつもの課題に直面している。課題を解決するために、次世代の農家と町役場が連携した新たな取り組みも始まっていて、町役場が本当の実力を発揮するのはこれからだと思われる。

本章では、高畠町の有機農業の歩みを、有機農家の思いが実現してきた過程と捉える。第2章（いすみ市）と同じように、本章でも最初に高畠町で有機農業を始めた人にまでさかのぼり、そこからどうやって現在の姿が生まれてきたのかをたどる方法で考えていく。

1　高畠町有機農業研究会の時代

高畠町農業の特徴

高畠町は山形県南東部の置賜（おきたま）盆地にあり、奥羽（おうう）山脈に源流をもつ屋代（やしろ）川と和田川の扇状地に広がる人口二二二一三人の町である（二〇二二年八月現在）。盆地型気候に恵まれ、平野部では稲作が、奥羽山麓沿いでは果樹栽培が盛んである。日本一のデラウェア産地であるとともに、シャインマスカットなどの大粒ブドウや西洋梨のラ・フランスの栽培の先進地でもある。畜産も盛んで、とくに酪農では山形県酪農発祥の地ともいわれるほどの歴史と伝統がある。縄文時代の住居跡が見つかるほど古くから暮らしやすい地域だったためか、奈良に倣（なら）って「まほろば（住みやすい場所という古語）の里」とも呼ばれている。

町の歴史を見ると、昭和の大合併によって一町五村が合併して現在の高畠町になったが、今

図4―1　高畠町の位置

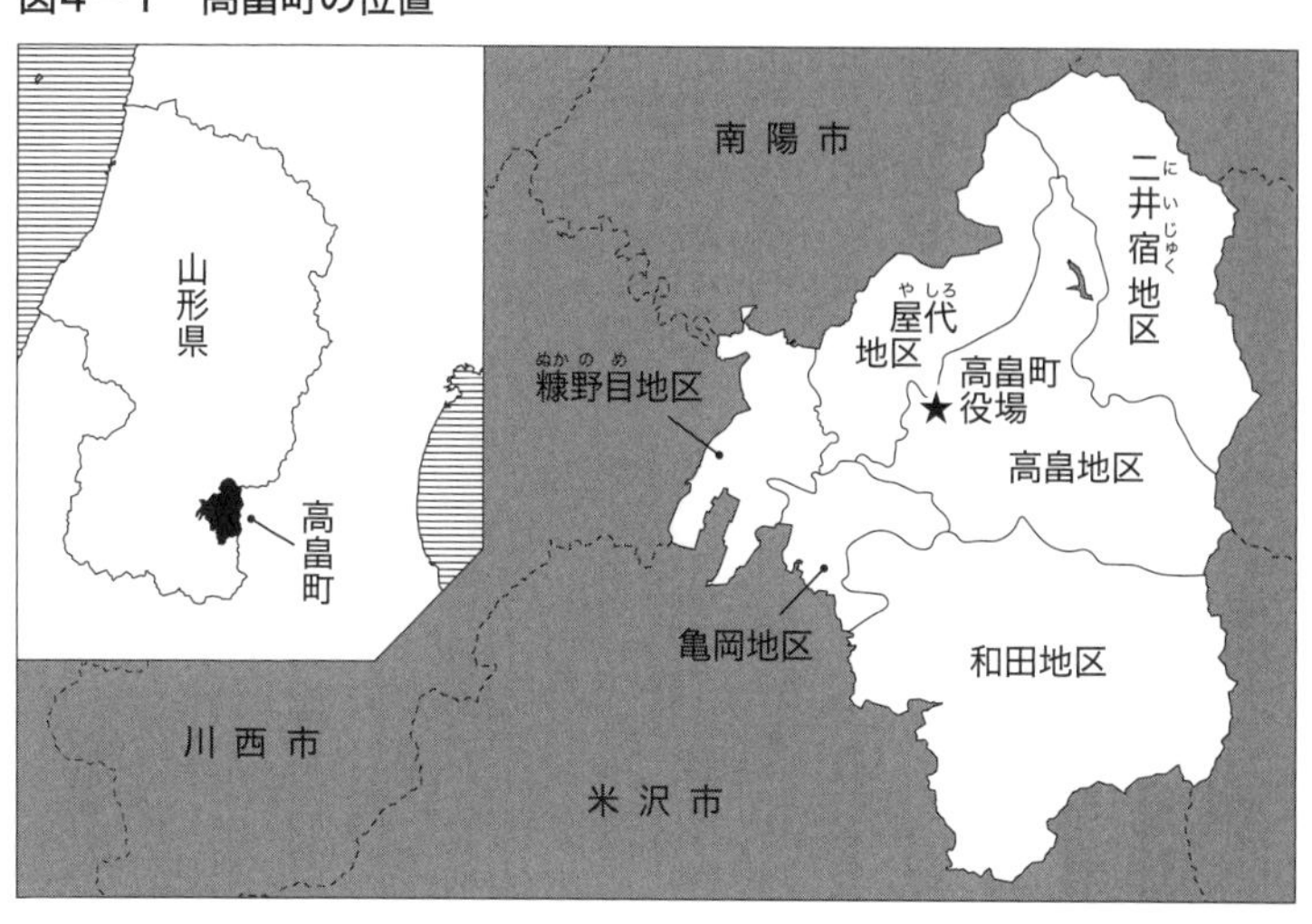

でも合併前の六つの地区はそれぞれが特色をもった地域として機能している（図4―1）。農業についても、地形と気象条件が微妙に違うため、六地区はそれぞれ特色のある農業生産を行っている。たとえば平場の水田地帯である糠野目、屋代、亀岡では早くから基盤整備が進んだが、山際の二井宿や和田では農地面積が小さく、規模拡大よりは果樹や畜産を含めた複合経営に向かう傾向があった。

実は「たかはた共生塾」など高畠町を代表する息の長い取り組みは和田地区を中心としたものが多いというように、有機農業運動の歴史にも地区による違いが反映されている(1)。その理由については後述する。

有機農業運動の始まり

一九七三年九月、高畠町有機農業研究会（以下、

有機研）が設立された。会員は四一名で、大半が青年団運動や自治研修活動に参加していた二〇代の農家後継者だった。翌七四年の春、全員が農薬と化学肥料を使わない有機稲作に挑戦した——。

これが高畠町の有機農業の始まりである。この光景を想像していただきたい。農業経験がない人が有機農業を始めることを「新規参入」といい、現役の慣行農家が有機農業を始めることを「転換参入」という。どちらが難しいかといえば、転換参入のほうがずっと難しい。「農薬や化学肥料を使うのが当たり前」という慣行農業の常識が農家の意識を縛るからだ。一九七三年に有機研に参加した農家も同じだっただろう。みんな専業農家の後継者（つまり慣行農家）だったから、有機農業に挑戦するには大変な不安があっただろう。

しかも、前述したように、当時日本で有機農業は始まったばかり。雑草や病害虫の対策を教えてくれる指導者もいなかった。そんななかで四一名の若い後継者たちが有機農業に挑んだのにはよほどの覚悟があったに違いない。

ここで少し寄り道をする。この先を読む前に、当時の農業の状況が現在とは大きく違っていたということを頭に入れていただきたい。たとえば、有機研に参加した農家は自分たちを「農民」と呼んでいた。今では自分を「農民」と呼ぶ農家はあまりいない。農家は自分を「農家」、時には「生産者」とか「農業者」と呼ぶことが多い。

しかし、現在の常識に従って、「農民」を「農家」と言い換えてはいけない。当時は農業を営む人を蔑視（劣ったものと見る）するという差別意識が強かった。「百姓」という言葉は農家を蔑視するときの決まり文句であった。

有機研の思想的リーダーだった星寛治氏は、高校時代に農家の長男だったために家を継がなければならなかったが、そのときの辛い気持ちを次のように述べている。

「とうとう私は（大学進学を）諦めた。『君も百姓におちたか』という憐びんの情が級友の表情をよぎっていった。当時、村に残ることはあきらかに敗北を意味した[2]」

こうした激しい差別を受けながら、誇りをもって農業を営むには大変な努力が必要だった。星氏の自伝『鍬の詩』にはその苦闘が生々しく語られている。その苦闘のなかから、「誇りを持って土に根ざした仕事に取り組む」という決意を込めて、農家は自分を「農民」と呼ぶようになったのだ。この言葉に込められた農業差別への怒り、無理解な社会と戦うという農家の意志を理解しなければ、なぜ高畠で有機農業が半世紀にもわたって運動の「いのち」を保ち続けてきたのかを理解することはできない。

以上のように、その背後にある農家の思いを想像しながら読み進めていただきたい。

さて、有機研のメンバーを有機農業に向かわせた事情を大きくいえば、一九六一年に制定された農業基本法に示された「近代化農政」の方向、具体的には機械化、大規模化、農薬や化学肥料の多用、減反などの方向に、彼らが将来の希望を見出せなかったからである。

「まるで甲羅のように生産と生活の重装備を背負った農民が、その借金を返すために出稼ぎに行き、押し潰されるという構図は、いわば現代の戯画であり、やむをえないものとして容認することはできないという認識が青年たちの間にも生まれてきた」(『鍬の詩』九三ページ。以下、引用は同書から)

近代化農政に対抗する拠点として、星氏は「自給」の大切さに気づいていった。

「自給、自活という思想が私のなかにも、おぼろげながら、たしかな足音で近づいてきた。自分の暮しを、自力でまかなうことなくして、なんで農民といえるだろうかと、思うようになった」(九二ページ)

星氏の「自給農業」という思想は、有機研に集まった若い農家に大きな影響を与えた。この「自給」は「必要なものを一〇〇%自分で賄う」という自給自足とは違う。他に(たとえば農薬、化学肥料、農業機械に)依存するから、それを買う金が必要になる。金が必要だから出稼ぎに行かざるを得ないという悪循環に陥る。そこから抜け出すために、「自分でできることを自給すれば、農民として自立できる」という農民の自立のための自給思想が生まれたのである。

一九七三年の春、信州への研修旅行からの帰り道に、有機研のメンバーはその二年前に設立された協同組合経営研究所の事務所を訪れ、事務局長・築地文太郎氏の力のこもった有機農業の話に希望の光を見出した。その後、代表の一楽照雄氏は何度も高畠を訪問して有機研のメンバーに自給と自立の思想を説いた。

「資本主義社会のもたらした拝金思想と管理機構が、人間をしだいに家畜化してきた現実を見据えるとき、そこに溺死しないためには、自らの生きざまの転換がまず果たされなければならない。生活を自給し、地場生産・地場消費という地域経済の構造をつくらなければ、人間が安寧に生きることは叶えられないと（一楽）氏は説かれた。それは、中央企業の誘致によって、そのおこぼれを期待する地域開発の潮流とは、きわだった対照をなす論理であり、私たちに大きなショックと自覚を与えるものであった」（一〇三ページ）

体当たりの挑戦

こうして、一九七四年に初めての有機稲作が始まった。当時の心境を星氏は次のように語る。

「何をつくるにしても、暗中模索であった。技術の道しるべはどこにもなかったからである。とにかく無農薬、無化学肥料でどこまでやれるかを、体当りでぶつかってみようという意気込みだけがみなぎっていた」（一〇五ページ）

最初に夏野菜が収穫できた。「見ばえはわるく、虫食いで、形もまちまちであるが、丈夫で日持ちのきくものがとれた」（一〇六ページ）という。この野菜をどうしようか。市場に持ち込んでも見向きもされないのは明らかだった。

そのとき、幸運が訪れた。隣県にある福島生活協同組合の常務が、組合員の消費者教育を兼ねて、これらの有機農産物を生協で引き受けると言ってくれたのである。

「自家用トラック三台に、とりどりの野菜や果物を積んだ青年たちは、期待と不安に胸をとき

めかせながら、県境の栗子峠を越えた」(一〇六ページ)
その日は生協の店舗改装オープンの売り出し日で、有機研のメンバーは入口に設けられた直販コーナーで自分たちが育てた有機農産物を販売した。「夕刻前には、たいていの品物は売り切れて、初めての直販は成功であった。夜気の涼しい峠を帰りながら、一つの労苦が報われたことの歓びをかみしめていた」(一〇七ページ)と星氏が述懐(じゅっかい)するように、初めての直売は成功した。

消費者と直接交流しながら農産物を販売するという方法は、のちに全国各地で試みられるようになり、「産消提携」や「生協産直」と呼ばれるようになった。一九七四年に行われた有機研と福島生協の「直販」は、その原体験であった。

残念ながら、消費者の理解が進まなかったため、まもなく福島生協との提携は解消された。しかし、消費者と直接つながって、交流しながら有機農産物を販売するという体験は有機研のメンバーにとってどれほど心強かったことだろう。実際、この体験をもとに、その後首都圏の消費者グループとの提携関係が広がっていくのである。

有機研の活動は開始早々、メディアに注目された。一九七四年、NHKが「1億人の経済『よみがえる土』――有機農業と消費者」という番組を放送した。また、当時朝日新聞に小説『複合汚染』を連載していた作家・有吉佐和子氏がこの年の秋に高畠町に取材に訪れた。有吉氏は「現代文明が落ちこんだ絶望的なやみの中に、ポッカリと小さな明り窓のようにあるもの、それが有機農業である」と述べ、「その一言に、私たちはあつい励ましを感じていた」と星氏は回想している（一〇七～八ページ）。

このように、有機研は地域の外からは注目されるようになったが、地域内では依然として困難な状況が続いていた。初年度の収穫はおおむね二～三割の収穫減であった。家族の理解を得られなかったメンバーは有機研を脱会せざるを得なくなり、一年で会員数は二〇名に半減した。「江戸時代に戻ったのか」と皮肉を言われるような地域の無理解は続き、星氏も「地域の人びとの冷たい反応も気がかりであった」と述べている（一〇八ページ）。

一九七六年、東北地方は異常な冷夏に見舞われた。北上山地では七月に霜が降り、稲は八月下旬まで花をつけず、せっかく咲いた花も低温と長雨で実を大きく太らせることができなかった。ところが慣行農家が平年の三割から五割の大減収だったのに対して、有機研のメンバーはほぼ平年作を維持できた。堆肥（たいひ）を入れてていねいな土づくりをしたために農地の温度が上がり、それが稲を低温から守ったのである。星氏は「冷害下で会員全体の収量が安定してきたことは、三年目の成果といえる」と農業生産が安定したことを喜んでいる（一三八ページ）。

技術が少しずつ安定するとともに、安全な食べものを求める消費者グループが有機研の農産物を欲しいと高畠を訪ねてくるようになった。農家と消費者が直接つながる「産消提携」で農産物を販売できるようになったのである。

ここでの「消費者グループ」は生協とは違う。安全な食べものを求めて集まった数十人から大きいものだと数千人の消費者がつくった任意団体である。専従職員はおらず、流通に関する仕事はすべてグループの会員がボランティアで分担していた。現在のような宅配サービスなど考えられず、パソコンすらなかった時代に、農産物流通の素人である農家と消費者が試行錯誤を繰り返しながら、集荷・配送・分配・集金などの仕組みを自力でつくり上げていった。

本章の最初で、高畠町の有機農業の特徴は「農民の自主・自立を求める運動」だと書いた。有機農業の技術が安定したということは、化学肥料や農薬に頼らなくてもよくなった、つまり「技術面で自立できた」ということだ。また、消費者に農産物を直接販売して生活できるようになった、つまり農協の世話にならなくてもよくなったのは、「販売面で自立できた」ことを意味する。こうして、地域の冷たい目は変わらなかったが、農民として自立できる見通しがついたのが一九七七年頃であった。

2 有機農業運動多様化の時代

生産が安定し、提携先の消費者グループが増えてくるにつれて、有機研のメンバーの間に考え方の違いが表面化してきた。どんな活動でも、最初はリーダーのもとに団結していても、次第にメンバー間の意見の違いが大きくなるということはある。これを活動の「分裂」というように否定的に見ることもできるが、有機研の場合は前向きに評価すべきだろう。

なぜなら、彼らが目指す「農民の自主・自立」というのは、農家一人ひとりの経営において追求されるべきものだからだ。有機研という組織は参加している農家個人が経営の自立を目指すための手段であった。いうまでもなく農家はそれぞれ独立した経営体である。住んでいる土地の地形や気候の違い、家族構成の違い、得意な作物の違い、目指す生き方の違いなどによって、農家は多種多様である。だから経営が安定するにつれて、高畠町の有機農家の進む道が違っていったのは自然な成り行きだったといっていい。

こうして高畠町の有機農業運動は一九八〇年頃から多様化の時代を迎えた。

多様化の始まり

設立から一〇年が過ぎた一九八三年、有機研は「糠亀ブロック」「高畠ブロック」「和田ブロック」の三つに分かれた。運動の多様化の始まりである。

有機研がブロックに分かれた要因として、提携する消費者グループが大幅に増えて多様な要望が寄せられるようになり、有機研という一つの組織のなかで解決することが難しくなったという事情があった。一九七九年には有機研と提携する消費者グループの数は八グループだったが、翌八〇年には一九、八五年には四二と急激に増加した[3]。ブロック制のもとで、消費者グループはいずれかのブロックに振り分けられ、販売や交流もブロック単位で行われることになった。

このように、ブロック制への移行には組織運営的な事情が絡んでいたが、同時に、追求していく運動の方向性についても違いが見られた。高畠町の有機農業運動を研究した松村和則・青木辰司両氏によれば、「大衆運動」「部落基盤型地域運動」「前衛型運動」という三つの方向性が出てきたという(4)。

大衆運動

第一の「大衆運動」は星寛治氏が追求してきた理念とされている。青木氏はそれを次のように言い当てている。

「星さんの有機農業運動実践の特徴は、『農』を基軸とした多面的文化運動を、都市消費者リーダーや学者、文化人、ジャーナリスト等高畠外の運動共感者との重層的なネットワークによって広範に展開している点にある(5)」

実際、星氏は一九九〇年に発足した「たかはた共生塾」を拠点に、多様な活動を展開していく。全国の著名な知識人を講師に招いた連続講座、都市住民を対象に農的体験を学ぶ「まほろばの里農学校」などで、教育委員会や農業委員会と連携し、多彩な都市農村交流を企画してきた。星氏自身が八三年から九九年まで高畠町教育委員長を務め、町行政と有機農家のコーディネート役を果たした影響は大きい。

同時に『鍬の詩』、詩集『滅びない土』・『はてしない気圏の夢をはらみ』、『有機農業の力』などたくさんの著書を通して、星氏は自給を基盤とした農の自立の思想を説き続けている。星氏の思想に共鳴して、早稲田大学大学院・原剛ゼミの「高畠調査」、立教大学と高畠町との地域連携プログラム「高畠プロジェクト」など、十数校に及ぶ首都圏の大学から大勢の研究者や学生が高畠を訪れ、高畠の魅力を解き明かそうとしてきた。(6) その魅力の強さは「高畠病」という言葉を生み出したほどである。

一九九一年には、高畠町で有機農業に取り組む若い農家をモデルにしたアニメ映画『おもひでぽろぽろ』(スタジオジブリ製作、高畑勲監督)が全国で上映され、多くの若者が高畠町を訪れた。

地域の有機農業運動のリーダーにして、かつ自身の思想をこれほど長い間発信し続け、広い社会的影響力をもち続けている人物は、全国を見渡しても星氏のほかにはいない。同時にその息の長い活動を通して、星氏は高畠町の有機農業運動に「いのち」を吹き込み続けてきた。自分たちでつくり上げた「自前」の理念で、有機農業運動を何十年も力強く続けてきた地域という意味でも、みかん有機栽培の無茶々園で有名な愛媛県西予市明浜町などと並んで、高畠町は全国でも際立った存在である。

部落基盤型地域運動

第二の「部落基盤型地域運動」は、高畠ブロックのリーダーだった中川信行氏が目指してきた理念とされる。中川氏は高畠地区飯森（いいのもり）の中川家の総本家出身であり、集落のリーダーとして地域全体のことを考えながら、少しずつ運動を進めていく方針であった。「社会性のある農業」と呼ぶ運動の意味合いを中川氏は次のように語っている。

「部落の中で俺とお前は違うという考えにはならない。実践していくことの全体をとらえながら、先輩が時代時代に一定の役割を果たしたようにしていかなければならない。相手と自分との関係性の中で目標を持ちながら話していけ、交流していける場は積極的に作っていかなければならない。ここに『運動』の微妙な機微がある[7]」

とはいえ、慣行農業の常識に挑戦する有機農業を続けながら、なお集落の慣行農家との関係性をつくっていくというのは容易なことではない。消費者に直接販売している中川氏は「お前の物ばかり高く売って」と集落の人に妬（ねた）まれたことや、農協の理事として有機研と農協の板挟みになって苦しんだこともあった。集落のリーダーであるがゆえに、有機研と地域との狭間（はざま）に身を晒（さら）さざるを得ないのである。

しかし、多くの苦痛を感じながらも、中川氏はいつもこの運動の「機微」を自覚しながら、有形無形に、ワンクッション置いて（間接的に）ムラ社会に刺激を与えてきた。このような努力が実を結び、地域の人びとが少しずつ有機農業を理解してくれるようになった。

高畠では星氏の活動が注目されることが多いが、有機農業を地域に広げるという点では、中川氏の運動論には見落としてはならない価値がある。正しい理屈を言っても人は動かない。しかし、利益で釣ろうとしてもダメだ。それではどうすればいいのか。中川氏は「こうしたほうがいい」ということを、理屈で説明するのではなく、現場で一つひとつ形にして見せた。たとえば土づくりの重要性を理解してもらうために、集落の畜産農家と共同してコンバインを改造した堆肥散布機を作り、堆肥を利用するように集落に呼びかけたことがある。

「有機農業を広げていくには、地域全体をよくしていくという視点をもって、日々の地道な活動を積み重ねることが必要だ」中川氏の考えはこのようにまとめることができるだろう。

前衛型運動

第三の「前衛型運動」は、糠亀ブロックのリーダーだった金子吉孝氏の理念とされる。金子氏は、とかく理念先行になりがちな有機研の運動論に対して、「物（農産物）を持っている」という生産者の立場にこだわった。金子氏の言葉を聞こう。

「よい物を作り（消費者に）渡すことがこの運動の第一義だ。……組織活動と技術的追求は等価値だ。農業は物で評価を受けるし、……その辺の評価をして等身大の運動をしていかないとたたきつぶされてしまうのではないか。……組織は個人があってこそのもの、農民1人1人のエネルギーを前面に出していかなければならない[8]」

こうした言葉から浮かび上がってくるのは、「よい物を作る」という技術向上への強いこだわりと、一人ひとりが横一線に並んで切磋琢磨していくという個人主義的な運動論である。これは星氏の「大衆運動」や中川氏の「部落基盤型地域運動」とはかなり異質な考え方だが、若くてやる気にあふれた専業農家なら、金子氏の考え方に共感する人も多いのではないか。

なぜなら、ここには「しっかりした技術を身につけてよい物を作り、納得できる値段で売って、農家として満足できる収入を得たい」という、農家なら誰でももっているモチベーション(動機)がはっきり語られているからだ。

金子氏の考え方には、「地域全体をよくするために自分ががんばる」という中川氏とは違って、「地域はさておき、まず自分自身のためにがんばる」という個人主義的な志向性が強い。しかし、金子氏に共鳴する若手農家も多かったというから、有機研の中には星氏や中川氏の運動論に物足りなさを感じる農家も一定数いたようである。

自分を抑えなければならないことが多いムラ社会の中で、「自分」をはっきり打ち出す金子氏の運動論は、若い有機農家の共感を集めた反面、地域からは強い反発を受けた。松村氏と青木氏が金子氏の運動論を「前衛型」と呼んだのはこうした背景があったからである。

以上、有機研の三つのブロックの方向性について説明したが、どれも納得できる部分があったのではないだろうか。

ところで、高畠町には有機研以外にも有機農業に取り組む農家団体がこの間にいくつも生まれていた。主な団体は次の通りである。

「株式会社　米沢郷牧場」(一九七四年~※前身団体の設立年)

「農事組合法人　山形おきたま産直センター」（一九八五年〜、拠点は南陽（なんよう）市）
「上和田有機米生産組合」（一九八七年〜）
「株式会社　おきたま興農舎（こうのうしゃ）」（一九八九年〜）
「高畠町有機農業提携センター」（一九九〇年〜）
「有限会社　ファーマーズクラブ赤とんぼ」（一九九五年〜、拠点は川西町）
このうち上和田有機米生産組合と高畠町有機農業提携センターは有機研との関連で設立されたが、それ以外の団体は有機研とは一定の距離を置いていた。これらの団体も、高畠町の有機農業の広がりを知るうえで重要なので、主要な組織を簡潔に紹介していこう。

上和田有機米生産組合

上和田有機米生産組合（以下、組合）は一九八七年に和田地区の農家を中心に七六名の組合員で設立された。その特徴は除草剤の使用を一回認める「少農薬栽培」の基準を新しく作ったことにあった。当時は米価が引き下げられ、新しい米作りへの転換が模索されていた時期であった。危機への対応策として、集落の座談会で少農薬による安全な米作り運動が提案され、そこから組合が生まれたのである。

今でこそ、減農薬栽培（名前は少農薬、省農薬、低農薬などがある）は、有機農業と慣行農業の中間にある栽培方法として位置づけられているが、組合の基準は除草剤一回の使用を認めるだけで、あとは有機農業と同じだから、限りなく有機農業に近かったといえる。それでも完全無農薬・無化学肥料栽培を前提とした有機研に対して、「農家が抵抗なくやれるやり方」として少農薬栽培を提案したことは慣行農家の共感を呼んで、予想以上の人数が参加する結果になった。翌八八年には組合員が一三〇名と急増し、その後一〇〇名前後で落ち着いた。多くの参加者を受け入れることができた理由には、星氏の人脈で販売先が確保できていたことが大きかった。

二〇〇九年度、実績が評価されて、組合は「第一五回環境保全型農業推進コンクール（現「未来につながる持続可能な農業推進コンクール」）」で農林水産大臣賞を受賞している。

現在は組合員四三名、準組合員四名となっているが、組合の中に女性たちが参加する「生活班」と後継者が参加する「青年部」が組織され、それぞれ活発に活動している。面積は無農薬米二三ha、減農薬米四七haである。

注目したいのは、四三名の組合員のうち一三名の家では若い後継者がいるということである。その理由について、前組合長の渡部宗雄氏は「農業は自由がある職業ですが、そのなかでも有機農業は非常に自由だと思います。（後継者たちは）農業を通して新たな自分の生き方を探しているというか、楽しんでいるという感じを受けます」と述べている。

条件が不利なため農業経営が決して楽ではない和田地区に、一度は外に出た後継者が数多く帰ってきているという事実は、組合が切り拓いた新たな農業の在り方が若い世代を引きつける魅力を備えていることを物語っている。

米沢郷牧場

伊藤幸吉氏らが立ち上げた「米沢郷牧場」は有機研とはまったく性格が異なる組織である[9]。第一に、肉牛とブロイラー肉用鶏の飼育を中心とする畜産業、米、果樹、野菜、農産加工などを複合的に組み込んだ事業を展開してきた。有機研が有機稲作を中心に展開してきたのとは好対照である。

第二に、地元の微生物研究者・加藤正耕氏が開発した微生物資材を鶏ふんに混ぜて発酵させ、家畜の飼料として利用するなど、微生物資材を巧みに組み込みながら、独自の有畜複合経営を組織として実現した。一九九〇年に描かれた「米沢郷牧場　自然循環農業集団リサイクルシステム」の図は、微生物を起点とした循環型農業システムとして現在でも参考になる点が多い。

第三に、有機研が農家個人として参加する運動組織だったのに対して、米沢郷牧場は一九七八年に農事組合法人となるなど、法人化の道を選択し、八〇年代後半から九〇年代にかけて、農業生産、販売から技術開発までを含む大規模な複合事業組織を築き上げた。これによって、米沢郷牧場に出荷する農家は農業生産に専念することができるようになった。有機研が目指してきた「農業経営と農民運動を一体のものとして実践する」という運動論からの大きな転換を遂げたことになる。

第四に、一九九五年に後継者が主体的に運営する組織として「ファーマーズクラブ赤とんぼ」

（以下、赤とんぼ）を立ち上げた。現在、約七〇名いる会員のうち二〇代から三〇代の若手が約二〇名おり、伊藤氏の長男・幸蔵氏を中心にこれからの農業の在り方を模索している。また、米沢郷牧場グループとして約三〇名の若手職員を雇用しているなど、農業をベースにした雇用機会の創出にも貢献している。

第五に、農産物の販売先として生協や大地を守る会（当時）などの専門流通事業体を選んだことである。法人化して取り扱う農産物の量（ロット）が大きくなったため、それに見合う取引先を求めたのである。当時の生協や専門流通事業体は、数千人から一〇万人を超える消費者を「組合員」や「会員」として抱え、商品を直接消費者に届ける「共同購入」や「個配」と呼ばれる流通を行っていた。現在ではこの仕組みは一般化したが、一九八〇年代後半では、有機農産物など安全性に配慮した農産物はまだ簡単には手に入らなかったので、食の安全や環境に関心をもつ消費者は生協などを通して、有機農産物を入手するしかなかった。

この流通の仕組みを、有機研が行っていた「産消提携」と区別して、「産直」と呼ぶ。とくに生協関係者は「生協産直」という言葉で自分たちの取り組みを呼ぶことが多い。産直においても、生産者と消費者の交流や相互理解はとても大事なものと考えられており、どの生協でも産地訪問や産直講座などには力を入れてきた。

このように、米沢郷牧場は有機研とは違う有機農業の世界を切り拓いてきた。農業の法人化というと、少数の大規模農家が地域農業の大部分を担うというイメージが強いが、実は米沢郷牧場の理念は「小農複合経営」を営む農家の自立を実現することなのである。創設者の伊藤幸吉氏の口癖は「農民は農協の小作人ではない」「消費者の小作人になってはならない」であった。有機研とは進む道が大きく違ったが、米沢郷牧場の取り組みの底流にも「自主・自立を求める農民運動」の魂が脈打っているのである。

高畠町行政の取り組み

有機農業の取り組みが多様化した結果、有機研は一九九六年に発展的に解散し、翌九七年に「高畠町有機農業推進協議会」（以下、協議会）が設立された。これは高畠町内の有機農業生産者団体・個人が参加して交流や研修を行うネットワーク型の組織だが、事務局を町の農林振興課と農協が担当した。主義主張の違いを超えて町内の有機農家が連携する組織をつくったことは、高畠町の有機農業の歴史のなかで大きな出来事だった（ただ、それでも協議会に参加しない団体があったという点は高畠らしい）。

「緩やかな技術交流や情報交換の場として協議会を設置したんですが、事務局を農林振興課がやるというのは自治体が絡んだ話ですから画期的な動きでした」と協議会会長の渡部務氏は協議会設立を評価している。町行政としては、星氏が教育委員長を務めたため、教育委員会などは有機農業に関する活動を行ってきたが、農林振興課が有機農業に関わるのはこの頃からであった。

とはいえ、協議会としての活動は年一回程度の研修会や生育調査などであって、町の有機農業をどう推進するかというような議論をすることはなかったようである。有機農業の取り組みはあくまでそれぞれの生産者団体が主体となって進められていた。

高畠町行政が有機農業に関連した施策を打ち出したのは、二〇〇八年に制定された「たかはた食と農のまちづくり条例」からである。この条例の前文に謳われた次の理念は、有機農業という言葉は使われていないものの、有機農業の考え方と深く共鳴するものである。

「規模拡大による作業効率や生産性だけを追求するのではなく、生産者と消費者とが農業に対する認識を共有し、地域の特性を活かした農業の振興を進めていくことが重要と考えます。このため、本町の農業及び農村が持つ機能的役割の重要性や農村文化を次世代に引き継ぐとともに、地域資源の活用と町民の健康を守り、地産地消、食の安全、環境保全型農業の推進により、魅力ある農林業が息づく農商工が連携した食と農のまちづくりを目指すための指針として、この条例を制定するものです」

この条例の第二六条に「有機農業の推進」が明記されている。条例に基づいて、二〇一〇年に「豊穣（ほうじょう）の郷（さと）づくり基本計画」が策定され、現在は第二期の計画を実施中である。第二期基本計画で設定された五つの目標のうち「安心・安全な農産物の生産」のなかに「有機農業推進計画の策定」が位置づけられ、二〇一一年に「高畠町有機農業推進計画」が策定された。

このように書いていくと、高畠町行政の有機農業に対する取り組みは着実に進んでいるように見えるが、有機農家が長年築き上げてきた実績を活かした特色あるまちづくりの政策が打ち出されているかといえば、残念ながら、そうは感じられない。有機農業は環境保全型農業の一種という位置づけを抜け出しておらず、有機農家への支援策も国の補助事業を適用しているものが多い。星氏が描いてきた地域づくりの理想に、現実の農業政策はまだ追いついていないように思われる。

3　地域における有機農業の広がりと課題

有機農業に対する理解の深まり

有機研の活動が始まって以来、有機農業に対する地域の風当たりは厳しいものがあったが、現在では有機農業は地域で認められるようになり、慣行農家の有機農業に対する偏見も見られなくなったようである。

その要因としては、社会全体で環境に配慮した農業の重要性が理解されてきたという時代の変化もあるが、前述した中川信行氏の「部落基盤型地域運動」のように、慣行農家との対立を避け、着実に実績を積み上げながら地域の理解を得るという有機農家の姿勢が大きかったと思われる。

若い後継者の増加

消費者や都市住民との交流が増えたことで、高畠町に移住する若者が増えるとともに、農業後継者がUターンする事例が多くなっている。そのなかでも、四三名の組合員のうち一三名の家で若い後継者がいるという上和田有機米生産組合の事例は注目に値する。また、法人として約三〇名の職員を雇用している米沢郷牧場の事例もある。農家になることを「就農」というが、農業関連法人に就職することも一種の就農なのだという考え方が広まって、「法人就農」という言葉が使われるようになっている。だから、法人の職員も広い意味での地域農業の担い手と考えていい。

いずれにしても、農業に関わるさまざまな仕事が増えることで、「若い仲間がいるから後継者が育ちやすい」(伊藤幸蔵・米沢郷牧場代表)という環境が整っていることは間違いないだろう。

栽培面積の減少

これまで述べてきたように、農家主導で発展してきた高畠町の有機農業だが、栽培面積は二〇〇九年の一三三haをピークに漸減傾向が続いている(表4―1)。

これには二〇一一年に起こった東京電力福島第一原発事故による消費者離れの影響もあったと思われるが、もっと構造的要因がある。それは提携や産直を通して有機農産物を購入してくれた消費者の高齢化とそれに伴う消費量の減少である。有機研設立以来のメンバーで、消費者グループとの付き合いが長い渡部務氏は次のように述べている。

「消費者との提携での取引量がかなり減っているのが現実です。付き合って四十数年になる都会の消費者たちはだいぶ高齢化していますし、子どもと同居している人は少ないから、子どもが独立すると消費量がガタッと減るんです。そうなると食べ続けられなくて止める、あるいは消費者グループが続かなくなって解散するという状況になります。従来型の提携関係は限界近くにきているのかなという思いがあります」

表4―1　高畠町の有機栽培面積(稲作)の推移(単位:ha)

年度	有機農業の取組み	うち有機JAS	特別栽培
2003	106	—	—
2004	104	—	—
2005	110	—	375
2006	118	—	521
2007	119	—	638
2008	126	—	785
2009	133	—	833
2010	126	—	830
2011	130	—	836
2012	126	—	665
2013	112	—	705
2014	102	—	697
2015	113	—	716
2016	105	58	751
2017	102	59	635
2018	101	50	611
2019	98	45	588
2020	89	51	585
2021	89	48	556

(出典)「町農業再生協議会 生産の目安算出資料」(水田農業係作成)。
有機農業の取り組みには、有機JAS及び有機JAS非認証を含む。
特別栽培は、山形県特別栽培農産物(化学肥料及び節減対象農薬が慣行レベルの5割以上節減)。

消費者が高齢化し

て有機農産物の消費が減ったという話は消費者グループだけでなく、生協や専門流通事業体でもよく聞かれる。それでは消費者の子どもたちが成人になって有機農産物を食べ続けているのか、言い換えると提携や産直に取り組んだ消費者の世代交代が進んでいるのかといえば、必ずしもそうはいえないようである。一九九〇年代に進んだ終身雇用制の崩壊によって、若い世代は非正規雇用など不安定な経済状態に置かれるようになり、収入も親世代に比べると大幅に少なくなったため、価格が高い有機農産物を安定して購入する経済力をもてなくなっている。

生産拡大が進まない要因は農家側にもある。有機農家が高齢化して、面積拡大に取り組むのが難しくなっていること。もう一つは有機農家にとって最大の重労働である水田除草の技術開発が進んでいない点が挙げられる。高畠町でも除草機、紙マルチ(雑草抑制資材)、合鴨農法などの従来技術が展開されているようだが、決定打はまだ見出せていないようである。

このように、近年の有機農業の面積減少の背景には、これまでの農家主導による有機農業の展開方法が一つの限界に達していることを示唆しているように思われる。

町で有機農産物が買えない

現在でも高畠町内で有機農産物が買える店は非常に少なく、また「有機」と表示して販売されている農産物はほとんどないのが現状である。「有機農業が盛んな地域なら、地場産の有機農産物を買えるはず」と思っている人は驚かれるかもしれないが、それには理由がある。

有機研が活動を始めた一九七〇年代には、食の安全に関心をもつ消費者は地方にはほとんどいなかった。有機研のメンバーも当初は地元で販売する機会をつくろうとさまざまな試みをしたが、すべて失敗している。その結果、首都圏や関西圏の消費者グループや生協などに販路を見出さざるを得なかった。先ほど「市場を通さない、消費者への直接販売という流通形態は日本の有機農業の大きな特徴だ」と述べたが、提携や産直の大半は全国の有機農家と大都市圏の消費者とのつながりを発展させた反面、有機農家が地元の消費者とつながる「有機農業の地産地消」という発想は長い間忘れられたままであった。

有機農業の地産地消という発想が広がるのは、食の安全や環境問題に関心をもつ消費者が地方でも増えた二〇一〇年代に入ってからである。「オーガニックフェスタ」と呼ばれる有機農家と消費者の交流イベントが各地で開かれ、多くの消費者を集めるようになるのはこの時期からである。この流れを高畠町にどう取り入れるのかが課題になっている。

4 自立を求める農民運動は次世代に受け継がれるのか

たかはたオーガニックラボ

最後に、最近の高畠町で起こっている新しい動きを紹介して本章を終えることにする。一つは二〇一七年から始まった「たかはたオーガニックラボ実行委員会」（以下、たかラボ）の取り組みである。これは高畠町の嘱託職員で地域活力創生プロデューサーの外薗明博（ほかぞのあきひろ）氏が発案し、それに賛同した若手農家が町行政などと連携して始めた運動だ。これまでの高畠町の有機農業運動とはまったく違ったスタイルで、シンボルマークや動画を作ったり、地域内外の人びとを巻き込む多彩な切り口のイベントを次々に実施して、新しい出会いやつながりを生み出している。

たかラボが主催した第一回目のイベントは二〇一九年一一月二日に行われた。有機農産物を販売するマルシェ、映画『いただきます（小学校版）』（オオタヴィン監督、一七年）上映会、小中高大生によるそれぞれ四つの「有機農業と食と健康プロジェクト」の発表、オーガニックランチなど盛りだくさんの内容であった。

「コモンズの喜劇」（一四六ページ参照）というユニークな活動を主導している小林温（ゆたか）氏は有機農業生産者団体「おきたま興農舎」で働きながら、たかラボの実行委員長を務めている。これまでの有機農業運動の実績をそのまま継承するのではなく、若い世代の視点とセンスで組み替えて新しい活力を生み出そうという発想は興味深い。

渡部務氏はたかラボに期待しつつ、「農家が自立していくために有機農業を始めたんだという当初の理念をきちんと伝えてほしい。同時に、運動の基本は地産地消にあるという点をしっかり押さえるための学習活動をしてほしい」という思いを語っている。

高畠町初めての有機給食

二〇二一年一一月二日、高畠町の町内全小中学校（七校）の給食に地元産の有機米が提供された。驚かされるのは、これが高畠町で初めての有機給食だということである。星氏が教育委員長のときに提唱した「耕す教育」という理念のもと、町内の小中学校には学校所有の田んぼや畑があって米や野菜を育てる体験教育が行われていたが、たかラボと町行政が連携してようやく有機米給食が実現した。この事実は、農家主導の取り組みだけでは有機給食は実現できず、町行政が関わって初めて実現できたことを示している。高畠町の有機農業の一面を表していて興味深いが、「高畠町有機農業推進計画」で有機給食の数値目標が設定されていることを考えると、今後は大きな進展が期待できる。

5 まとめ――農民運動が築いた自主・自立の共同体

本章では高畠町の有機農業の歴史を「農民の自主・自立を求める運動」という有機農家の思いが実現してきた過程と捉え、その展開を説明してきた。最後に高畠町の有機農業運動の到達点をまとめておこう。

第一に、地域における有機農業の広がりを農民運動の展開として把握できる点である。行政も農協もほとんど関与していない。農民としての自立を目指してスタートした有機研の取り組みは、有機栽培の技術を身につけ、消費者との提携や産直という販売方法を確立したことによって一〇〇名を超える自立した専業農家を生み出した。それも有機農業の草創期で、見本にする先行事例がまったくない時代に達成された成果である。この功績はいくら賞賛してもしすぎることはない。

第二に、地域内における農地と農家数の広がりの大きさである。前述したように、高畠町における有機農業の面積は約一〇〇ha（うち五〇haが有機JAS認証）であり、約三〇〇〇haある町の水田全体の三・三%を占める。この数字は日本全体の有機農業面積比率（〇・六%）の五倍以上である。これに減農薬・減化学肥料栽培を加えると面積は六八六haとなり、水田面積の二二%に当たる（二〇一一年）。また町の公式資料によれば、有機農家数は約六〇戸、生産者の団体は八団体であるとされているが、実際にはもっと多く、百数十戸に達すると思われる。その大半は専業農家である[10]。

第三に、有機農家の大半が消費者との提携や産直によって経営を支えられてきたという点である。市場を通さずに消費者へ直接販売する流通形態は日本の有機農業の大きな特徴であるが、農産物の価格決定に農家が関われること、交流や学習を通して農業をある程度理解した消費者を相手にできること、食の安全や農業の価値など共通の価値観に基づいた関係を築いていることなど、農家にとって市場流通にはない多くの利点をもっている。産直団体が多いのは山形県全体の特徴でもあるが、とくに高畠町では技術力・販売力・組織力を備えた団体が集まっており、互いに切磋琢磨しながら共存している。

第四に、都市農村交流、移住者受け入れ、大学などとの文化的交流などの点で、先進的な取り組みを積み重ねてきたことである。全国的な高畠の知名度は星寛治氏が中心となった和田地区の有機農家の活動に負うところが大きい。

第五に、本章では触れることができなかったが、高畠町が位置する置賜地方でも農民運動は独自の広がりを見せている。一九八九年に開かれた「山形・置賜百姓交流会」、九七年に始まった、生ごみ堆肥化事業で循環型地域づくりを進める「長井市レインボープラン」、二〇一四年に設立され、地域資源を基礎とした置賜自給圏を実現し、地域自給と圏内流通の推進を目指す「置賜自給圏推進機構」などの取り組みは、高畠町の有機農業運動と人的にも思想的にも重なる点が多い[11]。

こうした運動の実績と広がりを踏まえて、高畠町の有機農業の取り組みは「自主・自立を求める農民運動が築いた共同体」と呼ぶにふさわしい。先輩農家の思いを受け継いだ後継者たちが、行政などと連携しながら、この共同体をこれからどのように発展させていくのかが楽しみである[12]。

表4―2　高畠町における有機農業の歩み

実施年	取り組み内容など
1973	●「高畠町有機農業研究会」設立。
1974	●初めての有機稲作に取り組む（会員数41名）。 ●有吉佐和子『複合汚染』の取材を受ける。 ●屋代地区肉牛直販グループ（現「米沢郷牧場」）設立。
1975	●有機研と首都圏消費者グループとの提携が始まる。
1976	●東北大冷害のなかで有機研会員は平年作。有機農業への自信が深まる。
1977	●星寛治『鍬の詩』が出版される。
1983	●有機研は「糠亀」「高畠」「和田」の3ブロックに分かれる。運動の多様化の始まり。
1985	●置賜地区産直協議会（現「山形おきたま産直センター」）設立。
1987	●「上和田有機米生産組合」設立。
1989	●「おきたま興農舎」設立。
1990	●「高畠町有機農業提携センター」設立、「たかはた共生塾」発足。
1991	●映画『おもひでぽろぽろ』（スタジオジブリ製作、高畑勲監督）で高畠の農業青年がモデルに。
1992	●星寛治第二詩集『はてしない気圏の夢をはらみ』が出版される。
1993	●東北大冷害のなかで有機農家の米は平年作を上げる。
1995	●「ファーマーズクラブ赤とんぼ」設立。
1996	●有機研は発展的解散。
1997	●「高畠町有機農業推進協議会」設立。
2000	●早稲田大学大学院（原剛ゼミ）、高畠町調査を開始。
2001	●立教大学と高畠町との地域連携プログラム「高畠プロジェクト」が開始される。
2008	●高畠町が「たかはた食と農のまちづくり条例」を制定。
2010	●高畠町が「豊穣の郷づくり基本計画」を策定。 ●上和田有機米生産組合が第15回環境保全型農業推進コンクールで農林水産大臣賞を受賞。 ●栗原彬（あきら）立教大学名誉教授の寄贈図書により農村図書館「たかはた文庫」が開設される。
2014	●「置賜自給圏推進機構」設立。
2020	●高畠町が「第2期　豊穣の郷づくり基本計画」を策定。
2021	●高畠町が「高畠町有機農業推進計画」を策定。

（出典）各種資料をもとに作成。

(1) この部分は松村和則・青木辰司編『有機農業運動の地域的展開――山形県高畠町の実践から』(家の光協会、一九九一年)を参考にしている。
(2) 星寛治『鍬の詩――〝むら〟の文化論』ダイヤモンド社、一九七七年、五ページ。
(3) 前掲(1)六〇~六三ページ。
(4) 前掲(1)。
(5) 前掲(1)一一七ページ。
(6) まとまった研究成果としては早稲田環境塾編『高畠学』(藤原書店、二〇一一年)がある。
(7) 前掲(1)一三四ページ。
(8) 前掲(1)一五九ページ。
(9) この部分は宇佐美繁「自然循環型農業の形成」『日本の農業第224集 自立を目指す農民たち』(農政調査委員会、二〇〇三年、一三~四七ページ)を参考にしている。また安達生恒『農のシステム・農の文化――「米沢郷牧場」が新しい農をつくる』(ダイヤモンド社、一九九九年)も米沢郷牧場に関する詳しい研究書である。
(10) この部分は各種資料や聞き取り調査の結果をもとにしている
(11) 山形・置賜百姓交流会+大野和興共編『百姓は越境する――〔国際化時代〕の農と食』(社会評論社、一九九一年)、レインボープラン推進協議会著、大野和興編『台所と農業をつなぐ』(創森社、二〇〇一年)。
(12) 高畠町の事例は歴史が長く、取り上げるべき事項も多かったので、「有機農業の社会化」の視点からどう見えるかという議論は本文ではできなかったが、「経済と技術があれば有機農業は広がる」という産業化の論理ではまったく説明できないことは明らかだろう。「有機農業を通して、農民の自主・自立を目指す」という価値転換のエネルギーが、四一名の農家を七四年に有機稲作に挑戦させ、その後の五〇年の膨大な成果を生み出し、今もなお運動に「いのち」を吹き込み、後継者に受け継がれている。人間の「思い」がもつ、すさまじいほどの力。高畠町の取り組みは、「運動としての有機農業」とはどういうものなのかを私たちにもう一度考えさせる。

有機米作りに取り組む「コモンズの喜劇」

中川恵

コモンズとは共同で維持管理している自然環境と、その維持管理の仕組みを指す。山や草地、河川、漁場などがコモンズの代表例で、日本では共有地、入会地（いりあいち）とも呼ばれる。山形県高畠町（たかはたまち）「おきたま興農舎（こうのうしゃ）」の小林温（ゆたか）さんは、共同の農作業で自給用の有機米を生産するメンバーを二〇二一年に募り始めた。題して、「コモンズの喜劇」。斎藤幸平の『人新世の「資本論」』（集英社新書、二〇二〇年）のあとがきから着想を得て、自然生態系というコモンズを奪い合う「悲劇」を「喜劇」へ逆転させようという取り組みである。「働かざる者、食うべからず」をモットーに掲げて、労働時間に応じて収穫を分けるというコンセプトで、県内の社会人を中心に一五名ほどが集まった。

四〇aの水田で取り組んだ最初の年は、全メンバーの労働時間は合計で約三〇〇時間、収穫量は一〇aあたり三九〇kgだった。機械作業を小林さんに委託したと仮定し、小林家の飯米（はんまい）を差し引いて試算すると、参加者に配分できる米は残らない。しかしそうもいかないから、一時間の農作業参加あたり一kgの配分とすることが、小林さんと参加者の「納得感」が得られる当面の基準となった。

抜いても抜いても終わらない夏の除草に「やっぱり悲劇だとへこたれた」と語る参加者もいるが、二年目の二〇二二年は一六〇aに拡大し、ササニシキとつや姫、在来のもち米・白芒（しろのげ）へと作付品種を増やした。わらなどの副産物を利用するアイデアも生まれ、地元の地産地消イベントへの出店にもトライした。

　他方、「働かざる者、食うべからず」というモットーを問い直す動きも生まれた。このモットーでは共同作業できない人が参加できなくなるのではないか？草の繁茂は栽培の失敗という面もあり、不要だった作業をすることで配分量が増えるのは妥当なのか？といった疑問が生じたからである。

　さて、一時間の農作業あたり一kgの米が手に入るということは、時給にして一kg、すなわち約八六〇円（山形県の最低賃金額、二〇二二年八月〜）の米ということになる。この価格は相場から見て高価である。できるだけたくさんの有機米を手に入れることが目的であれば、よそで働いて有機米を購入したほうが手に入る。

　それでもなぜ小林さんと参加者たちは参加あたりの配分量に「納得」しているのだろうか。それはこの活動が自身の世界観をも揺るがす驚きや発見を伴っているからではないだろうか。

　統計や知識としては知っていても、体感して初めて発見に結びつき、腑（ふ）に落ちる。疑問や課題をみんなで共有し、集まるからこそ楽しくなることを見つける「喜劇団」の前向きな視座と行動力が、魅力となって周りの人を惹きつけているのだと思う。

第5章

大分県臼杵市

有機の里づくり
——うすきの「食」と「農」を豊かに

藤田正雄

臼杵(うすき)市は、二〇〇五年の合併以来五期二人の市長のもと、市民の健康、とくに子どもの健康に「食」から取り組むために、学校給食に有機農産物（臼杵市の認証ブランドの「ほんまもん農産物」）を導入している。これは、〇六年一二月に施行された有機農業推進法に先立つ施策であり、〇九年一〇月には「臼杵市有機農業推進計画」を策定し、地産地消、地域の風土を活かした農業の推進と、生産者と消費者の相互理解による有機農業の推進に継続して取り組んでいる。

本稿で紹介する臼杵市主導での取り組みは、第1章で紹介した「政策としての有機農業」の事例である。これから有機農業の推進に取り組もうとする市町村にも、ぜひ、それぞれの自治体に合ったやり方を進めるうえで参考にしていただきたい。

1 臼杵市の農業振興政策

図5—1　臼杵市の位置

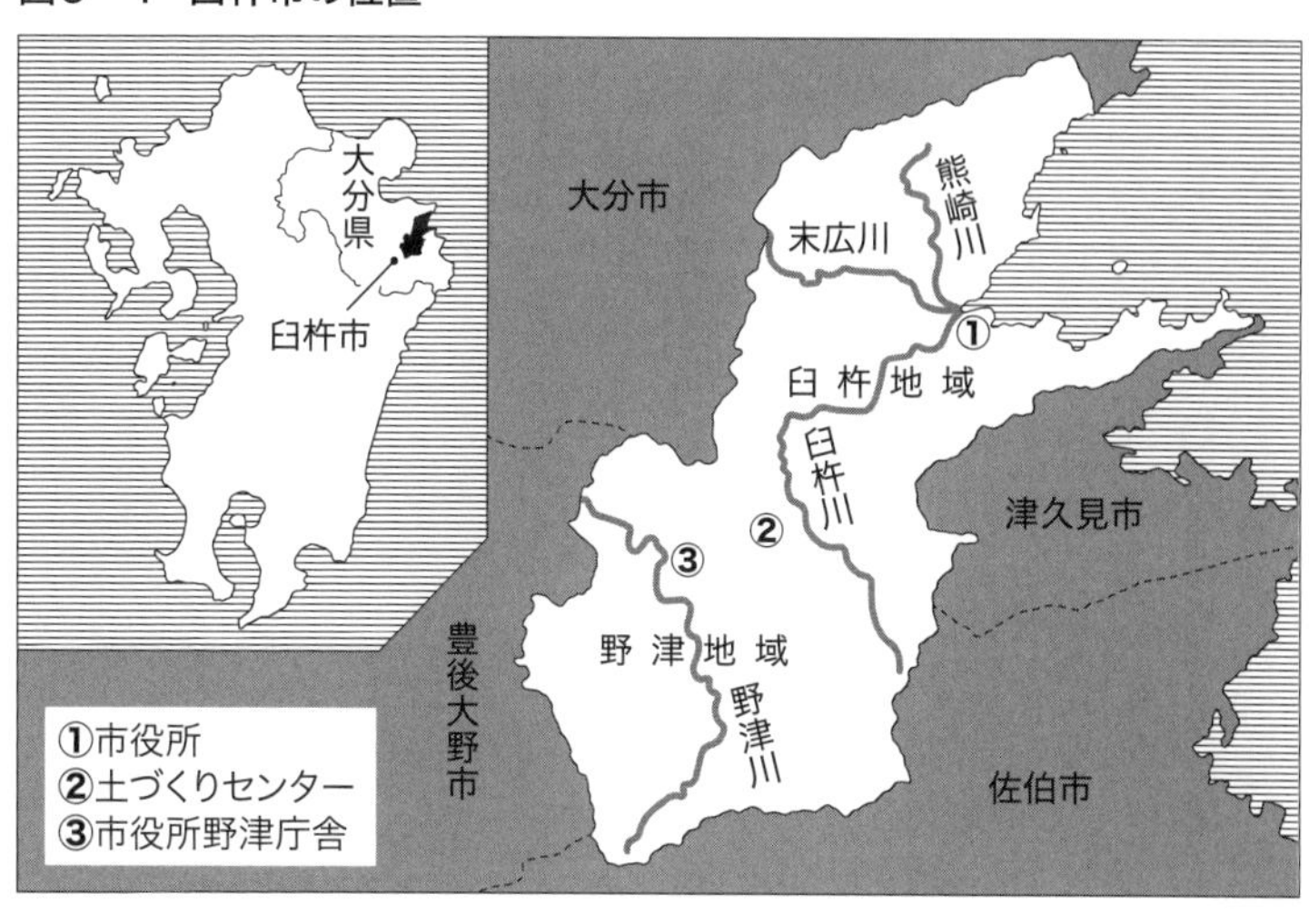

臼杵市農業の特徴

臼杵市は、大分県の東南部に位置し、隣接する自治体は大分市、佐伯市、津久見市、豊後大野市の四市で、人口は三四七五八人（二〇二二年八月現在）である。臼杵市内には、野津川が市の南西部を流れ、臼杵川・末広川・熊崎川が臼杵湾に注ぎ、これらの河川沿いには水田が、野津地域の北側には畑地が広がる。

畑地では、夏秋ピーマン、サツマイモ（大分県産新ブランドの「甘太くん」）、カボス、ニラ、そして、味・質の高いイチゴ、トマトなどが栽培され、近年、臼杵市の特産で黄色く熟したカボス「うすきいろの完熟カボス」に注目が集まっている。また水稲では、「ヒノヒカリ」「にこまる」などが栽培されている。農業経営の改善・発展の担い手として市町村が認定した農業者を中心に特別栽培米

（自然循環機能を高めることを目的に、化学合成農薬、化学肥料の使用量を減らして栽培したお米）「吉四六米」や、地域特産米「たまごのおこめ」の作付けも行っており、高品質・良食味を基本とした安全・安心な「売れる米づくり」を目標にしている。

また、「臼杵市土づくりセンター」（一八二ページ参照）では、センター自家製の草木を主原料とした完熟堆肥「うすき夢堆肥」による土づくりを基本とした環境保全型農業・有機農業を推進している。こうした完熟堆肥で土づくりを行い、化学肥料と化学合成農薬（以下、農薬）を使わずに生産された農産物を市長が認証する「ほんまもん農産物認証制度」を制定し、市民の健康増進と持続可能な農業の確立を目指している。

合併を機に有機農業を拡大

①市の有機農業推進体制

臼杵市は、二〇〇五年一月に臼杵市と野津町の一市一町が合併して誕生した。豊後水道に面し漁業や醸造業（味噌・醤油）、造船を主産業とする臼杵地域と、大分県の食糧庫と呼ばれている野津地域からなる。

一般に、平成の大合併で中山間地域が政策対象から相対的に外れて、経済的にも制度的にも取り残された[1]。また、農業関連機関の職員（県の農業改良普及員、市町村の農政担当職員、農協の営農指導員）も減少傾向にある。しかし臼杵市では、農業が盛んな野津地域にある市役所野津庁舎に農林振興課（二〇〇五年）および有機農業推進室（二〇一〇年）を設置し、農林関係全職員一三名に対し有機農業推進室に三名の職員と二名の嘱託職員を配置した。このことからも、臼杵市の農業振興、有機農業推進への本気度がうかがえる。

②市が有機農業に関心をもったきっかけ

合併以前より野津地域には有機農家の赤峰勝人（かつと）氏らがいた。合併時の後藤國利（くにとし）市長は、環境問題や有機農業にも関心が高かった。また、二〇〇七年に「臼杵市ほんまもんの里農業推進センター」の職員であった佐藤一彦（かずひこ）氏（現政策監）は、一九八八年に旧臼杵市の職員に採用された頃から赤峰氏の農業に関心はあったものの接触する機会に恵まれなかった。その後、施設園芸の指導などに携わりながらも化学肥料や農薬に頼りきった農業に疑問を感じ、有機農業を広めていきたいと考え始めたとき、市長も慣行農業に疑問をもっていることを知り、ようやく赤峰氏を訪ねる機会を得たという。

そして二〇〇七年五月、佐藤氏は市長らと三人で赤峰氏を訪れ、三泊四日泊まり込みで循環農法（有機農業）の勉強をした。そこで食べた野菜がとにかく美味しく、「こういう野菜を市民の皆さんに食べてもらうための農業施策を市としてやっていかなければ」と有機農業を推進することを決意した。

③有機農業を市農業の軸に

合併以前から、臼杵地域では「給食畑の野菜」（学校給食で使用する野菜などを地元の生産者が生産供給する取り組み。後述）の生産者が学校給食に減農薬の地元農産物を導入し、二〇〇二年に農協と設立した臼杵市環境保全型農林振興公社（以下、農林振興公社）を通して、極力、環境に負荷をかけない農業を進めていた。一方、野津地域は合併前よりピーマンやサツマイモなどの振興品目を単一栽培する地域であった。

市では合併を機に新臼杵市農業の軸として市内全域に有機農業の拡大・定着を図るため、行政と農家が一体となって有機農業を推進する体制の整備を行った。市議会議員や生産者に対して、市が有機農業を推進する意義と有機農業と慣行農業を臼杵市農業の両輪として支援していくことを説明し、市政への理解を求めた。そして、土づくりに力を入れ持続可能な農業生産を行い、本来の味がする「ほんまもん農産物」を市民に供給し健康な暮らしができるように、地産地消型の有機農業を振興し「有機の里づくり」を現在まで進めている。

二〇〇九年より市長を務める中野五郎氏（合併前は野津町長で、合併後臼杵市助役、副市長を歴任）は、当時を次のように振り返る。

「農業が主産業の野津地域では、およそ五八〇haの灌漑（かんがい）施設のある優良な畑地で、主に慣行農業による栽培がされてきました。その後、臼杵地域の『給食畑の野菜』という考え方を新臼杵市全体に拡大することで、合併を契機に有機農業が広がっていきました」

「慣行栽培の野菜を学校給食に使うのではなく、家庭菜園の延長として化学肥料や農薬の使用を極力抑えて作った家庭で食べるような野菜を学校給食にも使っていきたいという考えで『給食畑の野菜』の生産者を募った結果、野津地域にも波及し多くの生産者がこの取り組みに参加してくれました」

初代有機農業推進室長であった佐藤政策監は、初期の取り組みを振り返る。

「土づくりセンターを建設して堆肥を製造し、土づくりを基本に有機農業を推進するには、市民の代表である市議会議員の皆さんに理解してもらう必要がありました。そこで議員向けに赤峰氏（前述の有機農家）に有機農業に対する考え方についての講演をしてもらい、彼が作った野菜を生で食べてもらいました。議員の皆さんからは『これは美味しい。こんなに美味しいニンジンは食べたことがない』と好評で、こういった生命力のある野菜を市民に食べてもらうために、臼杵市で有機農業の施策を強化していくことを理解していただきました」

「その次に慣行農家に理解していただく必要がありました。化学肥料、農薬を使うのが当たり前の慣行農業ゆえに、『なんで市は有機農業に重点を置くんだ。従来の農業振興策が大切じゃないか』などという意見をいただきました。そこでなぜ臼杵市が有機農業を推進していくかということをていねいに説明して、慣行農業、専業農家への支援を行いながら有機農家の方々の支援も行っていくということを理解いただきました」

また、中野市長は有機農業の可能性について合併当時の考えを語っている。

「今でも（慣行農業の）専業農家が多い状況です。そういう農家は年収一〇〇〇万円以上の方が多いので〝有機農業で食えるのか〟というような疑問が出てきましたが、私自身は食える・

食えないは別の問題だと考えました。健康志向や農薬を使った農産物はできるだけ避けたいという社会のニーズを先取りして、市の子どもたちを中心とした健康づくりをしよう。それが一つの産業としてこれから伸びていくのではないでしょうか」

「合併後、野津地域の有機栽培畑をオーナー農園（ジャガイモ、サツマイモ、タマネギを栽培。約二〇〇区画）として市民に公開しました。私も参加しましたが、明らかに自分で植えたものとスーパーで買う野菜とは味が違っていたので、有機農業は将来的に消費者に選んでいただける農業として発展する可能性があるのではないかと考えました」

2 学校給食への有機農産物の導入

導入のきっかけ

学校給食への有機農産物導入は、合併前の臼杵市で二〇〇〇年に学校給食を自校方式からセンター方式に変更したことがきっかけになった。自校方式を続けてほしいという住民運動も影響し、当時の後藤市長による「センター方式への移行を機に自校方式より質のよい給食にしていこう」という方針のもと、これまで以上に地域の旬の野菜を使っていくために「給食畑の野菜」というネーミングで地産地消が始まった。当初から有機農産物を想定していたのではなく、

「おじいちゃんおばあちゃんが家でお孫さんに食べさせる野菜を、そのまま給食に持ってきてもらう」という考え方で、地元農家が作った野菜を学校給食に使うことを目指した。

地産地消型の有機農業を推進していくことを決めた合併後の臼杵市では、地元の直売所に野菜を出荷している小規模農家を中心に有機農業への転換を勧めることにした。そして二〇〇八年、国の有機農業推進事業への応募をきっかけに「給食畑の野菜」有機農業推進協議会を立ち上げ、化学肥料、農薬を使わない野菜を学校給食に使っていくことにして、価格も市販の二五％増で取り扱うことを農家と農協と市で決めた。その後、生産者の有機農産物への取り組み意欲を高めるため、二〇年度からは学校給食に利用する農産物価格を市販の五〇％増で取り扱っている。

また、一〇〇％オーガニック給食に取り組む村を紹介した『未来の食卓』（ジャン＝ポール・ジョー監督、二〇〇八年）というフランス映画の上映会を開催し、臼杵市の学校給食の目指すべき姿を市民に知ってもらうようにした。

学校給食の有機農産物使用率を上げる取り組み

臼杵地域と野津地域の二カ所にある給食センターでは、認定こども園三園、小学校一三校、中学校五校の給食（約三〇〇〇食）を担っている。ほんまもん農産物（有機農産物）の利用率は、二〇〇九年の開始時には全生鮮野菜の一一～一二％（重量ベース、以下同）程度であったが、二〇年度は一四・二％まで上昇した。そして、二四年度の目標に有機農産物利用率二四％を掲げている。

学校給食には、給食センターの職員と栄養士、出荷する生産者および給食センターに野菜を届ける農協直売所の担当職員が関わっている。担当者による会議を年二回ほど定期的に行い、意思疎通を図るようにしている。

給食を作る側と野菜を出荷・流通する側の意識がかみ合わなければ、導入はうまくいかない。虫のついた有機農産物が調理場に運ばれたらどうなるのか、給食センターの調理器具や調理時間などについても生産者に理解してもらい、出荷規格を守るようにしてもらっている。

また市内二カ所にある給食センターでは、それぞれの直売組織を通して有機農産物を購入している。農業が盛んで農産物も豊富な野津地域から臼杵地域の給食センターへ有機農産物を供給することで有機食材の使用率を高めることができた。

余分にある農産物を足りないところに移すのは容易なことのようだが、両地域ではそれぞれの農協直売組織を通して有機農産物を入手していたためなかなか取り組めなかった。しかし、地域おこし協力隊（都市地域から過疎地域などに移住して、地域活性化につながる取り組みを行う制度）の研修生が流通を担うことでようやく実現することができた。

給食に地元有機野菜を取り入れた効果

給食センターでは、有機農産物のよさを伝えるため、大人の食育講座を随時開催している。そのなかで「なぜ学校給食に有機農産物を使っているか」と質問されることが増えてきた。市の学校給食に対する姿勢は市民に周知されつつあるようだ。

有機農産物を食べることが健康にどう反映されているかを答えるのは難しい。しかし、有機野菜を使った給食は非常に美味しく、残食率も減ってきている。また、地元産の学校給食は誰がどこで栽培したかがわかるとともに、地域経済の活性化にもつながり、輸送コストを減らし二酸化炭素の削減効果もある。

何にも増して一番の効果は、子どもたちが土を介して農産物との触れ合いができることである。学校給食に有機農産物を出荷し、ともに給食を食べたりして接点をもつ野津地域の藤嶋祐(ひろ)美(み)氏は、子どもたちの変化を次のように語っている。

「地方都市にもかかわらず、畑で野菜がどういうふうに育つか全然知らない子どもが多くなっていますが、臼杵市の子どもたちは収穫体験を通して土に触れることや土を落としただけのニンジンを畑で食べ、その美味しさを経験できることを喜んでいます」

3　自治体主導で有機農業を推進

担い手の高齢化と減少、耕作放棄地の増大、コミュニティの維持など農業・農村を取り巻く課題は、臼杵市に限らずどこの自治体も同じである。合併当時、有機農業の推進を担当した佐藤政策監は、後藤前市長より「各地の有機農業推進事例に学び、臼杵市の農業に合った方法を探り、有機農業を農業施策の柱にするように」指示されたという。

合併した二〇〇五年六月には「ほんまもんの里・うすき」農業推進協議会が設立された。この協議会は有機農業だけではなく、臼杵市の農業全般を臨機応変に推進していく組織であった。市の農業施策の柱の一つに「有機農業の推進」を定め、有機農業の振興に対する行政の位置づけを明確にした。具体的には、臼杵市農林振興課と合併以前に設立された農林振興公社が両輪となって有機農業の推進を担った。

さらに二〇〇七年には行政と農林振興公社がより連携を強化した「臼杵市ほんまもんの里農業推進センター」を開設した。〇七年から〇九年の間、総務省の「頑張る地方応援プログラム」を活用し、「ほんまもん農業の里・ドリームプロジェクト」として遊休農地を有機農業に転換し、新規参入者へ斡旋(あっせん)や市民への有機農業啓発活動を実施した。また、農林水産省の「有機農業総合支援対策事業」を活用し、「給食畑の野菜」生産者の有機農業への転換を推進した。

二〇一〇年四月には農林振興課内に有機農業推進室を設置し、有機農業の振興を市の組織として取り組む体制を整えた。同年「ほんまもんの里みんなでつくる臼杵市食と農業基本条例」を制定し、これに基づいて、二年後の一二年には「ほんまもんの里みんなでつくる臼杵市食と農業基本計画」を策定。後述する「臼杵市有機農業推進計画」(〇九年策定)とともに計画内容の実現に努め、行政施策の強化を行った。

新臼杵市として二〇〇五年に「有機の里づくり」を掲げてから約五年で条例を制定し、有機農産物の生産から消費までの支援体制を整えたことになる。

職員として有機農業推進に中心的な役割を果たした初代有機農業推進室長の佐藤政策監と目原（めはら）康弘前有機農業推進室長は、後藤前市長と中野市長が有機農業の推進に明確な目標を示したことで、他部署の職員とも連携した業務ができたと振り返る。

「後藤前市長は、臼杵市民に美味しい生命力のある野菜をしっかり食べてもらって、健康で丈夫な体を作ってもらうという、有機農業を推進する目標を明示してくださいました。中野市長は、市政の中心に有機農業の振興を考えています。私をはじめ歴代の有機農業推進室長は、明確な目標をもって業務ができていると思います。食べものが大切だということは当然ですが、目的意識がしっかりしているので、このような業務を続けられていると思います」（佐藤政策監）

「市長の方針に有機農業の推進があり、市役所全体としてやらなければいけないという意識を全職員がもっています。市長が旗を振っているということで他の部署と連携がとりやすく、学校給食への導入などの推進事業を進めやすかったと思います」（目原前室長）

4 有機農業の五つの推進施策

二〇〇九年に策定した臼杵市有機農業推進計画では、有機農産物の生産拡大、担い手の支援、生産流通の支援、消費者への意識啓発、有機農産物の加工への支援の五つの重点施策を掲げ、基本理念のなかで学校給食への地産地消型の有機農産物の導入を謳っており、自治体主導による総合的な有機農業推進事例として特徴づけられる。

各施策の具体的取り組みを紹介する。

有機農産物の生産拡大

有機農家への支援として生産拡大のための指導体制を整え、有機JAS認証の取得希望者にはその申請も手伝っている。具体的には、有機栽培の事例集『ほんまもん農産物の作り方』(三六品目)を作成・配布し、専任指導員による巡回指導を行っている。ほんまもん農産物に使用する「うすき夢堆肥」の圃場(ほじょう)への運搬・散布は、農林振興公社が受託し、農家の作業軽減に努めている。

このように、市が土づくりに取り組みやすい環境を整備し、農業生産法人への農地の斡旋や補助事業活用による施設整備の支援も行うことで、有機農業での生産法人(企業)の参入が進み、遊休農地の解消とともに、有機農産物の生産量拡大の機運も高まっている。

　また、地域内流通に取り組む有機農家への支援を継続することで、直売所に出荷する少量多品目栽培農家が有機農業に転換する例が見られ、ほんまもん農産物認証、非認証合わせて二〇二一年度には六〇戸、三三haにまで増加した（**表5—1、5—2**）。また、臼杵市の農業生産法人二八社のうち六社が有機農業を実施し、五八haで茶、大麦若葉、野菜を栽培している。

　少量多品目で有機農業を実施し新規就農者の研修指導者でもある藤嶋氏は、有機農業を実施する際のことをこう振り返る。「市が有機農業を推進していることもあり、農家同士の付き合いのなかで、有機農業だからと特別視されることはなかった」

　一方で佐藤政策監は、「有機農業の生産拡大のために慣行栽培農家と対立的にならないように理解を求めるのに苦慮した」とも述べている。

　ただし臼杵市といえども、慣行の専業農家が有機農業に転換したという事例はほとんどなく、たとえばピーマンを長年作ってきた慣行農家が、有

表5—1　有機農業生産者数の推移

年度	2011	2016	2021
ほんまもん農産物認証農家	10戸	38戸	50戸
非認証の有機農家	3戸	7戸	10戸
有機農業生産法人（有機JAS認証）	2社	5社	6社

表5—2　有機農業生産面積の推移（単位：ha）

年度	2011	2016	2021
ほんまもん農産物認証農家	2	16	23
非認証の有機農家	2	7	10
有機農業生産法人（有機JAS認証）	15	52	58

（出典）臼杵市資料。

機農業でピーマンを作ろうということにはならないのが現状である。

担い手の支援

新たに有機農業を目指す人が円滑に就農できるように、臼杵市では、農林振興公社、臼杵市就農ガイドセンターおよび大分県などと連携した支援を実施している。

そして「有機農業が地域で認められるためには、新規就農者が経営者として自立し地域のリーダーになることが必要との考え」（佐藤政策監）から、市が主体的に有機農業での新規就農者の支援を始めた。二〇〇七年に「臼杵市有機農業起業者誘致条例」を制定。有機農業での新規就農者へ奨励金（一〇aあたり一〇万円、上限一ha）を三年間交付し、有機ＪＡＳ認証を志す新規就農者の経営支援を行った。

しかし、有機農業で新規就農者が定着するには、技術、経営感覚、流通・販売先の確保、就農地域の理解など、さまざまな課題がある。そこで、二〇一二年度から有機農業研修制度として「ほんまもん農産物お届け隊研修制度」を始め、実施研修からスムーズな就農に向けて技術指導や農地の斡旋を行うために研修圃場四〇aを用意した。この制度を利用して、一二年度四名、一三年度二名、一四年度一名の計七名が就農している。

二〇一五年度からは他地域で有機農業の研修を受けた就農希望者の受け入れを始め、一六年度からは地域おこし協力隊制度を活用した有機農業の担い手の育成を実施農家と協働で実施している（研修圃場六〇aを準備）。隊員数は、一六年度二名、一七年度一名、一八年度三名、一九年度一名、二〇年度二名、二一年度一名である。計六名が任期を修了し、四名が研修中。隊員は三年かけて有機栽培の技術を身につけ、販路を開拓しながら、有機農業の実施農家を支援し、有機農産物のPR活動もしている。現在独立自営就農が三名で、女性の一名は農家に嫁いだ。

研修生の世話をしている藤嶋氏は、「家を紹介しよう」と思ってもらえるような地域の人との付き合いが大切であることを研修生に伝えている。

市では、学校給食の食材を安定的に供給できる生産量を確保するためにも、新規就農者が農家として自立していけるように、加工や農産物の保存方法についても支援をしていく予定である。

生産流通の支援

①市内の販路を開拓

前述のように、市内二カ所にある学校給食センターでは、有機農産物（ほんまもん農産物）を慣行農産物の五〇％増（当初は二五％増）の価格で優先的に取引し、市内の三つの認定こども園でも有機農産物を給食に活用し利用率の向上を図ってきた。生産者が有機農産物を継続して生産できる価格で販売できるように、流通業者、小売店や飲食店にも理解を求めている。そして、地域内消費を進めるために、まずは地元の直売所へ、その次に生産者が出荷できる範囲での直売所、そして地元スーパーへと売り場を広げた。

「当初は、店舗でせっかく売り場を設置してもらっても、ほんまもん農産物が行き届かないことがありました。また農産物に虫食いがあったり、実際に虫が入っていたり、地域内流通が安定するには時間がかかりました。ほんまもん農産物のよさを消費者にわかってもらうために努力しました」（佐藤政策監）

②生産者、流通業者、販売者や飲食店の連携を深める

地域内消費であっても販売店と生産者とのコミュニケーションがとれていないなどの理由で、消費者に農産物のよさがなかなか伝わらない場合があった。そこで、生産者、流通業者、販売者や飲食店の連携を深めるための組織「ほんまもん農産物推進ネットワーク」を二〇一二年末から結成し意思の疎通を図り始めた。さらに生産者に対しては、研修を通して技術や情報の共有を行っている。一四年春にはホームページ「ほんまもん農産物広場」を開設し、フェイスブックも始め、有機農業、ほんまもん農産物認証制度の認知や農産物情報のPR、生産者の紹介などを継続的に発信している。また、流通・販売の拡大につなげるため、市内の販売コーナーや販売所を増やし、流通業者やレストラン・カフェなどとの仲介も行い、より多くの飲食店での利用促進を図りながら市外への販路も開拓している。

二〇二一年現在、臼杵市内一三カ所（農協の購買部Aコープ、生活協同組合、市場、青果店など）、大分市内四カ所（おいしい野菜の店 葉な果菜、大分トキハ百貨店ほんまもん農産物コーナーなど）をはじめ、市外では二八カ所で「ほんまもん農産物」が購入でき、食材として利用している飲食店は、市内一五店舗、市外一〇店舗まで増加している。

イベントも盛んに開催されるようになった。ほんまもん農産物生産者によるファーマーズマーケット「ひゃくすた（百姓ニュースタンダード）」が、二〇一七年より毎月第一日曜日に臼杵石仏公園で開催されている。このほか、「ほんまもんの里うすき旬食フェスタ」、「うすき食フェス」などのイベントを市内で開催し、「おおいたオーガニックフェスタ」など市外でのイベントにも参加して、ほんまもん農産物のPR販売に努めている。東京圏でもPR販売を実施し、千駄木の「SHOP ＆ CAFE九州堂」、下北沢の「農民カフェ」、南青山の「自由が丘バーガー」などでイベント販売を定期的に開催している。

うすき未来の食卓、槌本農園、ヒャクマス、yomoyamaの四事業者では、宅配注文でほんまもん農産物をセット販売している。さらに、ふるさと納税返礼品に有機農産物セットを採用したところ人気になり、二〇二〇年度の納税額約八億円のうち、一億六〇〇〇万円が農産物であった。

新しい試みとして、有機農家と生産法人との共同出荷がある。有機JAS認証を取得し大手量販店への販売や会員への定期宅配を行っている「ohana本舗」（フォレストホールディングスが二〇一二年に設立）が野津地域に新規参入し、一八年一月に県内有機農家一〇世帯と共同出荷グループを結成した。各農家の栽培スケジュールや栽培品目を考慮しながら有機ＪＡＳ認証農産物の出荷調整をし、相互の有利販売につなげている。

佐藤政策監は、販路拡大の取り組みとその成果を次のように語る。

「有機農業の施策には多くの税金を投入しているため、臼杵市民の健康につながる食の提供が基本にあります。まず、直売所に有機農産物を出荷している生産者への支援策として化学肥料や農薬を使っていない野菜であることを示し、市民に認めてもらい消費してもらうことから始めました」

「臼杵市では消費量より生産量が多く、生産法人など大規模に栽培している生産者は県外に向けて出荷していますが、小規模・少量多品目で栽培している生産者の販売先は、地元の直売所や飲食店での消費から考え始めました。そしてゆくゆくは、有機農産物を広域出荷し、地域外に販売していくため、まず大分市の百貨店トキハに有機農産物コーナーを設けました」

「これらの取り組みを通して、市民の有機農産物への意識やほんまもん農産物の認知度はかなり上がってきています。飲食店もほんまもん野菜は味がよく日持ちもすると、よい評価をしてくださる方が多いです。乳幼児健診のときにも、ほんまもん野菜を紹介した結果、子育て世代の消費も増えています。しかし、市内にいつでも買えるところがないのが現状です」

③地域認証で有機農産物をブランド化

野菜を少量多品目で栽培している小規模農家にとっても利益のある農業ができるように、有機ＪＡＳ認証と同等の地域認証を検討し、農産物の地域内流通を進めるために、臼杵市の独自認証「ほんまもん農産物認証制度」を二〇一一年に創設した。

この制度では、有機ＪＡＳ認証のように過去二年間の経過を見るのではなく、初年度から土づくりセンターの「うすき夢堆肥」などの完熟堆肥で土づくりを行い、化学肥料、農薬を使わなければ、ドリフト（農薬の飛散）などはまったく考慮せずに認証する。認証の検査業務は、有機ＪＡＳ認証の機関に委託している。

化学肥料、農薬を使わない金色の「ほ」のシールを貼った「ほんまもん農産物」（写真提供：臼杵市）

認証にかかる経費は、「ほんまもんの里・うすき」農業推進協議会の予算を充当し、有機ＪＡＳ認証機関の指導員、市職員および嘱託職員（県技術員ＯＢ）が有機農家を巡回し、指導しつつ検査もするという体制をとっている。

当初、化学肥料、農薬を使わない金色の「ほ」のシールを貼った「金認証」のみを考えていた。しかし、有機栽培に転換する間、農薬にどうしても頼らなければいけない場合もあることを想定し、農薬を

有機オーナー農園での収穫体験(写真提供:臼杵市)

使った場合には「緑認証」とした。なお、二〇二〇年度より「緑認証」を廃止し「金認証」のみで、作物ごとの認証から圃場認証に切り替えている。

消費者への意識啓発

消費者への意識啓発として、ケーブルテレビを活用したり、講演会を開催したが、興味がある人しか参加しなかった。興味のない若い消費者に有機農産物への理解が得られるかが課題だ。

消費者(市民)に対して、有機農産物や地元のものを選んでもらうために、有機農業や「ほんまもん農産物」の啓発、地産地消や食育の推進、さらに「大人の食育」として、次のような啓発活動を進めている。

- 「ほんまもん農産物」を学校給食に供給
- 「有機オーナー農園」を開設し、毎年約四〇〇組のオーナー家族がタマネギ、サツマイモ、秋ジャガイモの作付けと収穫に参加

●貸農園「有機ふれあい農園」の運営
●小学生を対象に、「ほんまもん農産物」の生産圃場で植え付け収穫を体験。収穫した農産物は学校給食の食材として活用する
●乳幼児健診（一回／月）や乳幼児期家庭教育学級での「ほんまもん農産物」の試食やＰＲ
●食と農をつなぐ講演会や有機農業映画祭を開催
●うすきケーブルネットと提携し、「ほんまもん農産物」生産者や旬の農産物の美味しい食べ方を紹介する番組を制作

有機農産物の加工への支援

化学調味料や添加物を使っていない加工品を臼杵ブランドとして作り上げていくために、二〇一五年から開発支援、販売力強化、商品化の支援を行っている。「ほんまもん農産物」と市内の醸造会社や酒造会社を結び、加工品の開発を進め、地元の加工グループやグリーンツーリズム組織などを対象に加工開発講座を定期的に開催することで、農産物を無駄にせず、付加価値を高めるようにしている。

さらに、有機ＪＡＳ認証やほんまもん農産物「金認証」を原料にしたオーガニック商品の開発を進めている。市内飲食店へは、「本来の味やその美味しさと食材の日持ち」をアピールポイントにして、ほんまもん農産物の利用を啓発している。

5　地域資源を活かした産業振興

臼杵市の施策の柱に「地域資源を活かした産業振興」がある。市の地域資源を活かした産業振興とは、「食」を活かすこと。市には農業、林業、水産業を活かした発酵食品業（味噌、醤油、酒）、醸造業という主幹産業があり、「食の振興」をマニフェストとして掲げている。

単に、有機農産物が美味しくて市民の健康によいだけでなく、地元産業との結びつきも大切に考えていることも重要な点だ。

「食を通した産業振興として第一次産業を大切にしながら、農業の在り方も真剣に考えました」（佐藤政策監）

この取り組みが、次に紹介する臼杵ブランド「うすきの地もの」につながっていく。臼杵市の風土・自然循環の中で育まれた資源・食材を活用し、使う人・食べる人のことを考えて作られたこだわりの加工品を「臼杵ブランド」として認証。これを市内外に発信することにより、地産地消の促進と地域産業の活性化、「食」による観光の振興を目指している。

臼杵ブランド「うすきの地もの」（写真提供：臼杵市）

「食」の本質と原点を顧み、臼杵の風土・自然循環の中で生まれたもの、食べる人の健康を考えたもの、臼杵の農家・漁家の姿が思い浮かぶもの、臼杵の人が思いを込めて「臼杵らしさ」にこだわって作ったものを認証している。煎餅、茶、マーマレード、ソース、酒、鯛みそ、湯呑など八九品目（二〇二一年度）を、市内外の土産物店、市が参加するイベントなどで販売・PRしている。[2]

6 有機農業推進政策がもたらしたもの

ここまで見てきたように、臼杵市では、「うすき夢堆肥」などの完熟堆肥を軸とした有機農業を推進してきた。同時に、水源涵養機能を高める持続可能な森づくりと臼杵の地魚「海のほんまもん」漁業を軸に、そこに循環する水資源を豊かにして地域内の循環型社会の構築を目指す総合的な「有機の里づくり」を進めている。

地産地消型の有機農業の推進

市の有機農業の振興政策の特徴は、農産物の地域認証と土づくりを結びつけたことにある。農家には土づくりセンターで製造した「うすき夢堆肥」を土づくりに使って農産物を生産してもらい、市民には率先して地元で育った農産物を食べてもらうという「地産地消」型の有機農業を推進している。地産地消とは、地元（臼杵市）で生産された農産物を地元で消費することである。地域資源を活用した堆肥を使う農業を地元市民が支える取り組みは、地域内経済循環を生み出し地域経済の活性化にも寄与している。しかも、少量多品目栽培をしている小規模農家の農産物の販路を確保し、地域農業の担い手の維持にも貢献している。

「有機の里づくり」は、「笑顔が行き交うふるさとづくり」という市が描く大きな柱として位置づけられている。臼杵市民が野菜の〝本来の＝ほんまもん〟の味を知り、「ほんまもんの農産物」をいつでも食べられ、長く健康でいられて、将来の臼杵市の姿を思い描けるようなまちづくりだ。

土づくりセンターの堆肥は、有機農業のみならず、品質の向上と少しでも化学肥料や農薬を減らした栽培を目指している慣行農家へも波及している。

「市が有機農業を推進していることは、市民の皆さんにもわかってもらっていると思います。有機農業とは何かという根本的なところを知ってもらうのは難しいですが、野菜を選ぶときに多少高いと感じてもその価値を認めた価格で買う、食に対して意識の高い市民が増えてきたと思います。また、市内の飲食店もほんまもん野菜を利用し始め、飲食店が野菜を選ぶときの意識も徐々に変わってきました。ほんまもん農産物をふるさと納税返礼品にしたり、加工品として有機ショウガを使った煎餅を製造・販売したり、さまざまなところで広がりつつあります」

（佐藤政策監）

移住者の増加

臼杵市の合併当時（二〇〇五年）の人口は、四三三五二人であったが、現在（二二年八月）は三四七五八人で、高齢化率は四〇％を超え、少子高齢化の進行による人口減少が続いている。

市では人口流出に歯止めをかけ、若い世代が安定して働きながら子育てをし、安心して暮らしていけるまちづくりの一環として、二〇一五年度より本格的に移住・定住施策に取り組んでいる。移住者向けの全国誌『田舎暮らしの本』（宝島社）において、一八年度から五年連続して「住みたい田舎ベストランキング」の上位に入り全国で注目されるとともに、二一年二月には、移住者数が累計一二七〇人を超えるなど、人口減少の抑制に一定の成果を上げている。事実、一八年に予測した二〇年の人口は三五九〇七人であったが、国勢調査の結果では三六一七六人と二六九人多かった。

臼杵市では、移住・定住施策の特徴を発信し、若者世代の定住に向けた優良宅地の確保と空き家バンクの充実による中古住宅の活用促進を進めている。あわせて「空き地バンク制度」を創設して未利用地の有効活用を図り、引き続き全国で注目され成果が上がるよう、支援制度や相談体制の充実を図っている。定住環境の一環である地域づくりの取り組みとしては、市内すべての地区に設立した地域振興協議会の連携強化の取り組みを進め、南部、下北、野津地域の拠点施設の整備を進めている。

「臼杵市を選んだ理由として、学校給食で有機農産物を使っていることを評価して、移住した方もいると聞いています。そういったところでも有機農業推進の効果があると思います」（目原前室長）

「有機の里づくり」への自治体「公」の役割
――地域環境の維持と市民の健康を目指して

前述のように、臼杵市では市民に有機農業に親しんでもらうため、オーナー農園やふれあい農園を開設したり、児童や園児を対象に有機農産物の収穫体験など実施してきた。収穫した農産物を学校給食センターで使用することで、食農教育にもつなげている。大人に対しても、「うすきオーガニック映画祭」や「ほんまもんの里うすき旬食フェスタ」、「大人の食育講座」の開催のほか、さまざまなイベントを通して有機農業の啓発活動をしている。

なかでも、二〇一三年に完成した大林千茱萸（ちぐみ）監督のドキュメンタリー映画『１００年ごはん』（二〇一四年公開）は、臼杵市の有機農業の〝はじめのはじまり〟を描いたものである。臼杵市主催の上映会も行いながら、全国各地で行われる「食」とセットにした自主上映会を応援し、市の「有機の里づくり」を広報している。

生産者が、有機農産物を継続して生産できる適正価格での販売を実現していくためには、消費者の「臼杵の農業」を買い支えるという意識と理解、そして行動が必要である。さらに、食べものの廃棄を極力なくし、「ほんまもんの食」の選択と購買が臼杵市の環境の維持と消費者の健康につながっていくという理想の姿を、「有機の里づくり」によって実現しようとしている。

「有機の里づくり」に向けた初期の取り組みを中野市長は次のように振り返った。

「市長として三期目が終わろうとしているところですが（二〇二一年現在、四期目）、当初から市民の健康を中心に施策を総合的に展開することを大きな柱にしておりました。有機農業は、市民の健康寿命を延伸する施策と結びつけることができるのではないかと思っています。子どもには食と健康、中年には生活習慣病と糖尿病の半減、高齢者には認知症の予防と軽度化というように市民の皆さんが数値化できる目標を立て、すべての市民を対象に取り組みました。このなかで、とくに子どもたちの健康を考慮しました。学校給食から有機野菜を市民の中に広げ、それが健康につながればよいという考えを通じて（有機農業推進の）成果があったと思います」

有機の里づくりから食文化でユネスコ創造都市へ

こうした地道な取り組みが評価され、日本ユネスコ国内委員会にて、国際連合教育科学文化機関（以下、ユネスコ）が実施・公募する「ユネスコ創造都市ネットワーク（UNESCO Creative Cities Network）」への新規加盟申請都市として臼杵市が承認された。二〇二一年六月に食文化分野でユネスコへ申請し、同一一月に加盟が認定された。食文化分野での加盟都市は、世界に四九あるなかで日本では山形県鶴岡市に次いで二つめの都市となる。

「ユネスコ創造都市ネットワーク」には、〝創造性〟を都市の持続可能な開発戦略と位置づけ、都市間連携を強化することを使命とし、七つの分野が設けられ、各分野で地域固有の文化や資源を活かし、創造的な活動によって新しい価値や文化、産業を生み、暮らしの質や豊かさを高める都市づくりが進められている。

推薦にあたっては、臼杵市の味噌・醤油・酒づくりなどの発酵・醸造文化、黄飯（おうはん。くちなしの実の煮汁で炊き、黄色く色づけしたご飯）、きらすまめし（残りものの刺身や魚をおろした後の中落ちにおからをまぶしてかさ増しをした倹約料理）などの郷土料理、さらに有機農業の推進などの取り組みが評価されたと考えられる。臼杵市のネットワークへの加盟により、食育や地産地消がさらに広がり、食に対して意識の高いまちになり、経済面では食に関わる企業による新たなものづくり、世界の都市との交流による新たな事業展開が期待されている。

有機農業推進上の課題

これまで見てきたように、臼杵市では市民の健康増進を目的に、土づくりセンターで製造した堆肥を使った有機農業を進め、地域認証など自治体主導による地産地消型の有機農業を推進してきた。有機農産物を学校給食の食材として利用しながら市民への啓発活動を通じて、有機農産物への理解も深まりつつある。地域おこし協力隊制度を活用した有機農業の担い手の育成も定着しつつある。

市外への有機農産物の販売にも積極的に取り組み、販路を広げるとともにふるさと納税の返礼品として有機農産物の評価も高まっている。

一連の取り組みが住みたい都市として全国で注目を集めるとともに、移住者の増加にもつながっている。そして、臼杵市の取り組みは「ユネスコ創造都市ネットワーク」への加盟を通して国外からも評価される都市としてさらに次の段階に進もうとしている。

しかし、慣行の専業農家が土づくりセンターの堆肥を使うようになったものの、有機農業の実施にまでは至っていないことや、学校給食の有機農産物の導入が野菜にとどまり、有機米の導入には至っていないことなど、「有機の里」としてさらなる充実を図るための課題が残されている。

7 まとめ――臼杵市の事例から何を学ぶのか

臼杵市は、有機農業推進の理解者を得るために、市職員をはじめ、市議会議員、農家（生産者）、市民（消費者）に対して、行政がこのことに取り組む必要性を地道に説明し、理解を深める努力を惜しまなかった。

なぜ、ここまで有機農業に取り組めたのであろうか。

後藤前市長、中野市長、そして有機農業の推進に一貫して取り組んできた佐藤政策監が、初めて有機野菜を食べたときに理屈抜きで美味しいと感じ、「こういう野菜を市民の皆さんに食べてもらうための農業施策をやろう」と決意したことが原点にあるのではないか。市民の健康寿命を延ばすため「食」のあるべき姿を市長と担当職員が共有し、地道に課題の解決に向け取り組んだ。

それぞれの主体には、それぞれの考え方があり、簡単には合意・共感できるものではない。事実、現状でも慣行の専業農家から有機農業への転換参入はほとんどない。しかし、市内で生産される有機野菜を取り入れた学校給食をはじめとする市の目指している方向性がきっかけとなり、移住者の人口に占める割合が三・六％と、人口の減少傾向が止まらない地方都市にとっては驚くべき現象が生まれている。

ここで紹介したように、臼杵市では、地産地消型の有機農業を推進するために土づくりセンター、地域認証、学校給食を軸とした地元での販路確保、アンテナショップ、農産物の加工とブランド化など――市として考えられることをほとんど実行してきたと思える。それでも、まだ慣行の専業農業から有機農業への転換はほとんど見られない。慣行農家が有機農業への理解を示したとしても、自ら取り組むにはまだまだハードルが高いのであろう。慣行の専業農家が有機農業に転換することは市町村レベルの支援では限界があり、国の積極的な関与と、生産から流通、消費に至る農産物を取り巻く仕組みの構造的な見直しが必要である。

有機農業の推進に限らず、市町村の首長が代わったことで政策の基本方針も変わり、持続できなかった事例は、たくさんある。しかし、合併から五期二〇年のなかで、臼杵市民の合意によって定着した「有機の里づくり」は、新たな合意を作らない限り変更することは難しいところまで進んできたように思われる。

これから有機農業に取り組もうとする自治体（地域）では、臼杵市が取り組んだあるべき姿を目標に現状を分析し、必要なものを揃えながら改善策を検討し、ブレずに目標に向かって取り組んできた市政（姿勢）に学び、それぞれ地域に合った取り組みを模索していただきたい。

農林水産省は、SDGs（持続可能な開発目標）や環境を重視する持続可能な食料システムを構築するために「みどりの食料システム戦略」を二〇二一年に策定し、五〇年までに耕地面積の二五％（一〇〇万ha）を有機農業にする、農薬の使用量を五〇％削減する、化学肥料の使用量を三〇％削減するなど、環境負荷の低減に向け「目指す姿」を掲げた。

真に「目指す姿」を実現するためには、農家自身が有機農業を実施しやすいように、有機農業をはじめ化学肥料、農薬の使用量を削減した栽培技術から農産物の流通、消費までを点検し、市町村レベルではできない農業を取り巻く環境を、国をあげて変えていく必要がある。

（注）オンラインによる聞き取り調査は、中野五郎市長には、二〇二〇年一二月二三日、佐藤一彦政策監、目原康弘有機農業推進室長（当時）、実施農家の藤嶋祐美氏には、二〇二一年一月二八日に実施した。

表5―3 臼杵市の有機農業推進の取り組み

実施年	取り組み内容など
2002	●臼杵市環境保全型農林振興公社設立。
2005	●旧臼杵市と旧野津町合併。新臼杵市が発足(市長:後藤國利(旧臼杵市長)、助役:中野五郎(旧野津町長))。 ●「ほんまもんの里・うすき」農業推進協議会を設立。環境保全型農業や有機農業の推進を図る。
2007	●「臼杵市ほんまもんの里農業推進センター」開設(2009年まで。その後、業務を有機農業推進室に引き継ぐ)。有機農業の推進や市民農園、農産物加工研究などに取り組む。 ●「臼杵市有機農業起業者誘致条例」制定。
2008	●「『給食畑の野菜』有機農業推進協議会」が有機農業モデル事業の実施主体となる。地元の有機農産物を学校給食に利用できるように活動。
2009	●市長:中野五郎 ●「臼杵市有機農業推進計画」を策定。
2010	●「ほんまもんの里みんなでつくる臼杵市食と農業基本条例」制定。有機の里づくりをはじめとする、安心安全で永続的に発展する臼杵市農業を確立するとともに、市民が健康で安心できる生活の礎を築くことを目的とする。 ●有機農業推進室設置(室長:佐藤一彦)。 ●うすき夢堆肥を製造する「臼杵市土づくりセンター」が稼働。翌年より販売開始。
2011	●映画『100年ごはん』製作開始。 ●「ほんまもん農産物認証制度(化学肥料、農薬を使わない金認証と化学肥料を使わない緑認証)」を創設。
2012	●「有機農業公開セミナーin臼杵」実施。 ●「ほんまもんの里みんなでつくる臼杵市食と農業基本計画」を策定。 ●「ほんまもん農産物推進ネットワーク」の結成。流通、販売の情報交換。 ●映画『種まく旅人〜みのりの茶〜』(監督:塩屋俊)上映。 ●「ほんまもん農産物お届け隊研修制度」開始(2014年まで)。研修圃場40a。
2013	●映画『100年ごはん』完成。翌年より上映開始。
2014	●ウェブサイト「ほんまもん農産物広場」を開設。
2015	●「臼杵ブランド推進室」設置(室長:佐藤一彦)。加工品の開発を支援するとともに臼杵ブランド「うすきの地もの」を創設。
2016	●地域おこし協力隊制度を活用した研修制度実施。研修圃場60a。
2020	●「ほんまもん農産物認証制度」を金認証のみに変更。
2021	●日本ユネスコ国内委員会にて、「ユネスコ創造都市ネットワーク」への新規加盟申請都市として、食文化の分野でユネスコへ推薦される(6月30日)。 ●日本スローフード協会と「食を軸とした連携協定」を締結。 ●ユネスコ創造都市ネットワークへの食文化分野での加盟が認定される(11月8日)。
2022	●「第2次ほんまもんの里みんなでつくる臼杵食と農業基本計画」を策定。

(出典)各種資料をもとに作成。

（1）小田切徳美『農村政策の変貌――その軌跡と新たな構想』農山漁村文化協会、二〇二一年。

（2）具体的な商品例として干し芋、キウイフルーツソース、栗甘納豆、成熟かぼす果汁、うすき竹炭（絞りかご）、果の滴（酒）、有機緑茶かぼすブレンド、百寿ひとひら（生姜×チョコレート）、レモンマーマレード、ごぼう茶、臼杵生姜酒などを販売している。

「うすきの地もの」https://www.city.usuki.oita.jp/categories/shimin/norinsuisan/local_produce/

《参考文献》

枝廣淳子『好循環のまちづくり！』岩波新書、二〇二一年。

大江正章『地域の力――食・農・まちづくり』岩波新書、二〇〇八年。

小田切徳美編『新しい地域をつくる――持続的農村発展論』岩波書店、二〇二二年。

澤登早苗・小松﨑将一編著『有機農業大全――持続可能な農の技術と思想』コモンズ、二〇一九年。

藤山浩『田園回帰1％戦略――地元に人と仕事を取り戻す』農山漁村文化協会、二〇一五年。

地元農産物の品質向上に貢献
臼杵市土づくりセンター

藤田正雄

有機農業で農産物を安定的に生産するには、土づくりが大切である。しかし、個々の農家が良質の完熟堆肥を作るのは困難であった。そこで臼杵市では、畜産ふん尿が主原料の栄養型の市販堆肥とは異なる、農地を元気な農作物を育む土に戻していく土づくり型の堆肥を安定供給するために製造を検討した。

計画から二、三年かけて、目標とする腐葉土のような堆肥を試験的に作り、栽培に適していることを確認するために、行政自ら堆肥を畑に施用しニンジンなどを栽培した。さらに、有機農家が二、三年かけて切り返し(1)ながら作っていた工程を大型機械を活用することで、短期間に発酵できる堆肥センターを設計・建設した。

臼杵市土づくりセンター（建物面積四五八八・七一㎡）は、持続可能な農業を振興し、消費者へ美味しく安全・安心な農産物の提供ができるように、ミネラル豊富で良質な土（微生物の活発な働きと通気性、透水性、保水性がよい土）を人為的に生産することを目的に建設した市の施設である。建設費用は約六億円で、大分県などの補助金を活用し、市では約一割を負担した。

土づくりセンターは二〇一〇年八月に稼働し、一一年五月から完熟堆肥「うすき夢堆肥」の販売・供給を始めた。一一月には、この堆肥を使った農産物のブランド化のため、地域認証「ほんまもん農産物認証制度」を制定し、認証シールを貼付して販売を始めた。「うすき夢堆肥」を一〇年、二〇年と使い続けることで、より持続的で生命力豊かな作物を育てる土になることを目指している。

「うすき夢堆肥」は、草木類八割、豚ふん二割を主原料として使い、六カ月かけて発酵完熟させた自然の土に近い堆肥である。現在、

年間一八〇〇tの堆肥を製造している。バラでtあたり五〇〇〇円、一〇kgの袋詰めを三〇〇円で販売している。この販売価格では製造原価を割るため、市は管理費として年間三〇〇〇万円まで投入している。なお管理費の一部は、有機農産物セットをふるさと納税返礼品とし、それによる税収を充当している。

近年、「うすき夢堆肥」は有機農家に限らず、慣行農家からも農作物の収量、品質がよくなるとの理由で購入者が増え、生産が追いつかない状況にある。なお、バラ売りは臼杵市内の農地に散布される方に限り販売し、圃場などへの運搬・散布作業は、臼杵市環境保全型農林振興公社が受託している。

(1) 切り返し
発酵が始まっている堆肥材料を発酵途中に積み替えること。切り返しにより表層部の堆積物が中心部に入ると同時に、堆積内部に空気も入るため発酵が均一に行われる。

第6章

座談会｜1

調査から見えてきたこと

谷口吉光 秋田県立大学 地域連携・研究 推進センター教授	**吉野隆子** オーガニック ファーマーズ 名古屋代表	**藤田正雄** 有機農業参入 促進協議会 理事・事務局長	**西川芳昭** 龍谷大学 経済学部教授	**長谷川浩** 母なる地球を 守ろう研究所 理事長

人から地域へ、地域から自治体へ

谷口　「有機農業が広がる」という言葉は、中島紀一さん（茨城大学名誉教授）の『いのちと農の論理』（コモンズ、二〇〇六年）という本の副題「地域に広がる有機農業」に刺激を受けています。中島さんが代表となって二〇〇九年度から一一年度まで大きな共同研究[1]を行い、私は「有機農業の展開事例研究」というグループのリーダーを仰せつかりました。

当時は「生産者が増え、消費者が増えていけば有機農業は広がるのではないか」と漠然と考えていましたが、全国の事例を調べていくと有機農業の展開にはさまざまな形があることがわかってきました。「どんな論理で展開しているのだろうか」と考えていくうちに、本書のテーマである「有機農業の社会化」（以下、「社会化」）

という仮説を思いついたのです。その後、地方自治体が有機農業に取り組む事例が増えてきたことに興味をもち、「『社会化』でこの現象を説明できないか」と考えてこの研究に取り組むことになりました。

この共同研究には全国の動向をよくご存知の実践者に参加してもらい、メンバーからの推薦が調査地選定の決め手になりました。いすみ市を勧めてくれたのが大江正章（ただあき）さん[2]。いすみ市の学校給食の取り組みが知られ始めた頃でした。白川町（しらかわちょう）は吉野隆子さん、臼杵（うすき）市は藤田正雄さんがよく知っていたということで決めました。この三つが新しい事例だったので、歴史のあるところも加えようということで高畠町（たかはたまち）を加えました。高畠町は私が調査したことがあるという理由もありました。

各調査地での有機農業政策

谷口　私のいすみ市に対する認識はどんどん膨らんでいます。最初は学校給食のお米が全量地元産有機米だというところに注目しました。次に有機農家が全然いないのに二年で技術が定着したのはなぜかということに関心が向きました。

でも調査するにつれて、いすみ市が生物多様性戦略を策定して、生きものを守る活動を長年やってきたことが本当は重要なのではないかと考えるようになったんです。第2章で「前史」としてまとめましたが、実は前史としてだけではなく、いすみ市が有機米の産地として展開していくのと並行して生物多様性の事業も進んでいたということも後から知りました。私の今の認識では、いすみ市の政策は有機農業の拡大、有機学校給食、生物多様性保全という三本柱で捉えるべきなのかなと思っています。

吉野　白川町ではごく最近まで、有機農業が町の政策とは結びついていませんでした。調査にうかがったとき、当時の町長がはっきりと「町内の有機農業については町が呼びかけているわけではなく、行政の側からは何もしていない」とおっしゃっていました。また、「慣行農家からはさまざまな要望が寄せられるが、有機農家から行政への要望はなく、自主的に動いてここまできた」とも聞いています。

ちなみに、行政の側からの積極的な働きかけはなかったけれども、有機農業推進法に基づく事業については、ゆうきハートネット（八一ページ参照）だけではやれないこともたくさんありました。そうした部分は町職員がていねいにバックアップしていました、そのおかげで達成できたことを付け加えます。町からの積極的な提案はなかったけれども、ゆうきハートネットがやろうとしていたことをずっと支援しているという意味では、行政とつながっています。

谷口　高畠町は白川町と同じように生産者主導で進めてきました。行政の取り組みはそれよりもずっと遅れてスタートして、しかも生産者の動きとあまりうまく連動していないように感じます。行政からは高畠町の有機農業運動がどういう意味があるのかがよく見えていないのではないか。すばらしい取り組みなのはわかっているけれども、町の政策とどう接点をつくればいいのかよくわかっていないという感じがしました。

その理由は、高畠町の有機農家たちが本当に何もかも自分たちでつくってきたからですよね。高畠町の有機農業は移住者ではなくて地元の後継者、それまで慣行農業をやっていた専業農家たちが転換参入してつくり上げたものです。当然農地も持っているし、経営基盤もある。それゆえにこれだけ面的にも拡大したのだといえます。

藤田　第1章の**表1―1**（二五ページ）では複合型と分類されていますが、高畠町にはリーダーがいっぱいおられますよね。ちょっとずつタイプの違う人がいるので、そのなかで競い合うという一面はあるかもしれません。一つにまとまったチームではなく、多様なチーム、多様なメンバーが関わっているというところも、一つの特徴ではないかという気がします。

谷口　そうですね。高畠町は農家のリーダー同士の競争意識が強く、切磋琢磨してお互いを磨いてきた。みんなが自立を目指しながら、仲間の様子を見ながら、自分たちはどうするかということを考えてきた。だから連携はするけど、頼り合ったりはしない。

藤田　団体が複数あると、行政はどこと手をつないでいいかわからない。一つのところと手をつなぐと他から文句を言われるので、どこからも同じ距離でという姿勢が必ず出てくる気がします。それは逆にいえば、つかず離れずで、今日まで時間がかかったというところがあるのではないかと思います。

臼杵市は、最近ユネスコの食文化創造都市（一七五ページ参照）に選ばれているように、もともと多様な食文化というものに対する行政と住民の意識が高かったのではないかなと、今改めて感じています。合併する以前の市長が学校給食を自校式からセンター方式に変えるときに起きた反対運動に対して、センター方式のほうがもっといい給食を作れるということを前面に出すために、地元のおじいちゃんやおばあちゃんが作った野菜を子どもたちに届けるというような活動を始めているわけです。

ずっと有機農業に関わってきた市職員の佐藤一彦（かずひこ）さん自身も、地域の中に赤峰勝人（かつと）さんのような有機農家がいるということは認識していましたが、農業関係の部署にいながらも、あえてそこに飛び込むというか、もうちょっと詳しく知るということまではいけなかった。でも二〇〇五年に合併で新臼杵市になり、「地産地消型の学校給食を臼杵市全体に広げていき、もっといい給食を」という動きのなかで、ようやく市長と一緒に赤峰さんのところに三泊四日で訪ねるという機会をもった。そのときに、市長たちと「こういう食事を臼杵市民に食べてもらいたい、美味しい有機農産物を食べることによって健康になってもらいたい」と話し合ったことが政策の原点だったわけです。だから、そこのところはずっとブレずにきているという気がしますね。

西川　「社会化」とか広がりを考えたときに、地域と行政、公と共という視点と同時に、関わっている一人ひとりに焦点を当てることに意味があると思っています。白川町の例で、地元農家の西尾勝治（まさはる）さんが中島紀一さんと大学時代からの知り合いだったことは、一般化できないとも評価されますが、それぞれの地域で、出会い方や構成する人は違うけれども、人と人のつながりが社会化や組織化・制度化の原点にあるという意味では、むしろ逆にそこに普遍性があると考えます。そのことを私たちがこの研究でメッセージとして出していくことが重要ではないでしょうか。

谷口　最初にこの共同研究のプランを考えたときに、どの地域にも最初は有機農業がなかったのだから、必ず始めた人がいるはずだ。だから地域に広がる有機農業の展開を最初の一人にまでさかのぼって、そこからたどったらどうなるだろうというモチーフはありました。でも、「人と人のつながりが組織化・制度化の原点にある」ということは西川さんのコメントで気づかせてもらいました。

価値転換はどのように起きたか

吉野　白川町について私が知っていたのは、ゆうきハートネットができて以降のことでした。今回の調査で掘り下げて聞いてみて、それ以前も毎年のように講演会を開催して、そこで学んでいたことを知って、基礎づくりとでもいうような時間がちゃんと存在していたということを知りました。一般的には取り組んだことは形になってからしか表面に出てきません。表に出る以前の「前史」にあたる部分は、意図したものでなく、それぞれが必要だと思ったことを積み重ねていた。だからこそ、見えづらい前史を大事にしなければ、と調べていて思いました。

最初は小さな取り組みでも、「積み重ねていけば形になる」ということがここから見えてくるので、これから取り組もうとする人たちにとっても、励みになるのではないでしょうか。

藤田　やはり有機農家がそこにいたということ自体が、大きな役割を果たしているのではないか。臼杵市が本格的に有機農業に関わろうとしたときに、佐藤さんが「とにかく先進的な地域の取り組みを調べて、自分たちの町に合ったやり方を検討しろ」ということを市長に言われましたが、これも今から考えてみれば一つの前史になるのではないですか。その後の販路の確保から技術面まで、いろんな面での取り組みのベースですね。

西川　私は地域資源の研究をしてきたので、その視点から話します。たとえばいすみ市の場合、カウンターカルチャーや自然保護運動が二〇一〇年少し前ぐらいからあったかと思います。いすみ市職員の鮫田晋（さめだしん）さんも市長も、この歴史を有機農業にうまくつなげてきた。そのなかにはもちろん地域の有力農家が慣行から有機の米栽培に変えたという転換点があったと思いますが、前史という意味では、このような取り組みも、助走期間として振り返ることができると思いました。

臼杵市の場合も、一九七九年以降、平松守彦（もりひこ）大分県知事（当時）が全県で進めていた一村一品運動という地域の人たちが自分たちの地域に誇りをもてるような運動がありました。ともすれば産品作りへと矮小化（わいしょう）される一村一品運動ですが、地域の草の根的な人づくり運動を平松知事が行政のなかに取り入れた。臼杵市もそういう助走期間があったのではないかなと思います。

有機農業に関連する前史だけではなくて、たとえば生物多様性とか、一村一品運動のような地域づくりという、有機農業から見れば周辺の問題かもしれないけれども、地域の持続性を考えたときに中心課題になるようなものから、有機農業を見ていくということも大事なのかなと思っています。

谷口　みどり戦略（二〇二ページ参照）でいすみ市が注目されるにつれて「有機学校給食なんて簡単だ。首長がやると言えばトップダウンですぐできるんだ」みたいなことを放言する人がいると聞きました。そんな浅い見方は間違いだということが、今日前史の意味に関する皆さんの議論ではっきりしたのではないかと思いました。

有機農業が広がるというのは、単に農業の技術が確立するとか、高く売れるという経済の理由だけでは説明できない。一人ひとりの価値観が変わっていかないことには広がらないということではないか。

有機農業はどこの地域でも、新しい価値をどこかで学んだ一人の人から始まった。その最初のキーパーソンは有機農家かもしれないし、そうではない人かもしれない。その人から広がった「価値」は必ずしも有機農業がすばらしいという価値ではなくて、西川さんがおっしゃったように「有機農業から見れば周辺」かもしれない。でもそれはその人にとってはどうしても追求せざるを得ない価値なのでしょう。そういう価値と有機農業の価値が触れ合って価値転換が起こるわけですよね。そのときに、その人自身にとって、有機農業をすることが抜き差しならない唯一の問題になる。「どうしても自分は有機農業をやらなければいけない」というふうになる。それで行動が起こるのではないか。

価値転換でとても印象的なのは、いすみ市で最初に有機農業に取り組んだ矢澤喜久雄（きくお）さんが民間稲作研究所の稲葉光國（みつくに）[3]さんの講演を初めて聞いたときの、「稲作技術よりも農薬の危険性への理解が役員の間で深まり、使わないですむ方法をできるだけ追求すべきだという認識に変わった」という話です。矢澤さんはカウンターカルチャーの影響がまったくない地元の人ですが、稲葉さんの話がストンと胸に落ちて価値転換が起こりました。このように、いろんな人がもっているそれぞれの価値観のなかに、有機農業の価値が入り込んできたときに一種の化学反応が起こって、その人が有機農業をやらなければいけないと思うようになる。その価値の組み合わせは、一般にいわれているよりははるかに幅広いものなのかもしれません。

　初期の段階では、有機農業に関する価値転換は一人から二人、二人から三人と広がっていくから、「偶然」という要素がどうしても出てくる。うまく出会った・出会わなかったとかね。偶然が作用するので広がるのにどうしても時間がかかる。ところが価値転換をした人が一定数集まれば、同じ活動を始めることができる。有機農業の勉強会をするとか、自ずとそこから活動が生まれてくる。パンの発酵にたとえると、酵母菌一個では発酵を起こせないけれども、酵母菌が十、百、千個と集まれば発酵が始まるように、自然展開的に活動が広がっていく。これが有機農業が地域に広がった状態といえるのではないでしょうか。首長が有機農業をやると決めて住民がすぐに動き出したとすれば、それは地域にそういう受け皿ができ上がっていたからだと考えられないだろうか。それが本当の意味での「有機農業が広がる」ということではないかと思います。

吉野　矢澤さんにお話を伺ったとき、「有機には無関心ではなかったけど、無知だった」とおっしゃっていたことが印象的でした。矢澤さんは地域に有機農業を広げていくことを考えたときに、「地域全体の経済が活性化しなくては、自分たちが存在する意味がない」と思い至った。矢澤さんの謙虚な言葉を借りると、「無知ではなくなったとき」に世界が大きく変わったのだろうと感じました。

長谷川　今議論していることはすごく重要で、慣行農業対有機農業といった対立構造をいかに超越していくかというときに、まさに矢澤さんの事例のように無関心だったものに関心をもち、それを実践することで価値観が変わっていくんだということを広げていくことに、この本の最大の価値があると思います。

藤田　いすみ市の鮫田さん、臼杵市の佐藤さんは市の職員として、最初市長から言われたときは、業務の一環というスタートだったかもしれないですよね。でも、有機農業を調べて、いろいろ農家と関わるなかで、お二人にもやむにやまれぬ姿勢というか、価値転換があったと思うんです。だからただ単に言われたことをやりましたというよりは、自分で工夫しながらやってきた経緯というのは、先ほどのただ単に技術と販路ができれば有機農業が広がるという流れではなく、そこに関わっている行政の職員であっても、大きな価値転換があったと僕は理解しています。

二〇〇〇年代の有機農業政策の広がり

藤田　霜里(しもさと)農場の金子美登(よしのり)さん(4)にお会いしたときのことをふと思い出しました。国の事業で有機農業の担当をされている職員と一緒に自治体の取り組みを何カ所か学びに行ったことがありましたが、その後あちこちの取り組みを見ることによって、金子さんからその職員が変わったと聞きました。自分たちの地域の資源を見直すことができたそうです。今後みどり戦略のなかで、オーガニックビレッジ（二一七ページ参照）という形でやっていくためには、臼杵市とかいすみ市のように、担当者に長く考える時間を与え、それを政策に活かしていけるような、そういう人を育成していくことも重要ではないでしょうか。

吉野　二〇〇六年一二月に有機農業推進法（以

下、推進法）ができて、〇八年からさまざまな施策が始まりました。白川町は二年目の〇九年からソフト事業とハード事業に採択されました。国の事業は地元行政の後押しなしではできません。一方で、今難しい状況になっているのが、行政の職員、とりわけ農業担当者が減っていることです。有機農業に興味をもち、取り組みたいと思っている自治体職員は一定数存在していますが、職員が減ると一人あたりの仕事量が多くなるため、小さな存在である有機農業にとって難しい局面になっています。それは新規就農者支援の分野でも明らかです。

たとえば新規就農者が農地の管理に苦労している地主さんと直接話して借りる許可を取り付けたとき、正式に借りるためには市町村の運営する農業委員会を通す必要があります。行政は高齢者が増えて農地の維持・管理が大きな課題になっていることは知りながら、「うちの町では担い手が足りているので、新規の人を入れる必要はありません」と断ったりする。農地はあるけれど、対応できる職員が少ないので無理ということですよね。そこに有機農業が加わると、行政も対応がさらに難しくなります。最初から有機農業を受け入れない地域も存在していますす。だからこそ、首長が有機農業を打ち出すトップダウンじゃないと難しい面もあるように感じています。

長谷川　人材難以上に財政難で、国が一部の補助事業について市町村に四分の一の負担を求めるようになったことが大きな原因じゃないですか。

藤田　二〇〇六年の推進法の前から日本有機農業学会でも動きがあったし、その他の団体や各地で大会が開かれたりしていますので、推進法は一つの大きなきっかけではあるけれども、社会的な動きもあったので、もうちょっと法律だけにとどまらずに検討する必要があるのではないかと思いました。

吉野　でも推進法ができたことはとても大きかったと思っています。県の職員からは、「国の法律に位置づけられることで、県が動く根拠が生まれます。だから、今私たちが動けるんですよ」と聞いています。

藤田　法律ができると、基本計画ができて、各都道府県で推進計画を作る。計画に程度の差はありますが、少なくとも都道府県の職員としては、計画に沿った方向で実施していく。ただ、市町村レベルでは、なかなか進まなかったことは事実ですね。一応目標は全市町村の五〇％ということになっていましたが、いまだに達成できていません。

谷口　そこに首長のリーダーシップというか、判断が関わってくるのではないでしょうか。先ほどから議論されているように、市町村では人材難・財政難で有機に新しく取り組むことができない。それならば誰がきっかけだったかというと、首長の判断ということになる。首長がやれと言ったから、職員も動けるようになる。いすみ市も臼杵市もそうですよね。

藤田　国の事業の一環で開いた会合のなかで聞いたのですが、担当者が有機農業を政策として進めようとしたら、上司から「次の担当者が困らないように今までやってきたことに変化をもたせるな」ということを言われたそうです。でも首長の判断というのは、中間管理職にとっては「飛び越してでもやれ」と言われればできるわけです。職員のなかには、有機農業をやりたいと思っている人はいますが、なかなかそれをやれるところまではたどり着けないという現状もあったと思いますね。

西川　推進法という枠組みは、理念法であっても、それができたことによって、有機農業をやってもいいんだという政治的・政策的な空間ができたのが大きいと思います。もちろん二〇〇八年以降、予算がついたというのも大きいとは思いますが、それ以前はやろうと思っていた職員や首長がいても、本当に突出した地域以外はできなかった。それが、選択肢の一つとして有機農業が肩身が狭くない形で主張できるようになった。プラスの力というよりは、マイナスの力が弱まったという評価が正しいかもしれません。

調査地の共通点と多様性

藤田　有機農業の進め方においては、いすみ市と臼杵市は自治体が主導で、高畠町と白川町は民間主導という分け方ができるかな。学校給食に関してはいすみ市と臼杵市は政策に取り入れていて、高畠町や白川町はどちらかというと地産地消がメインであって、あえて有機と言い出したのは、少し後になってからではないかという感じがしますね。

また、高畠町といすみ市は、有機農業の（慣行農業からの）転換参入がメイン。白川町は、転換からのスタートかもしれないけども、新規参入が増えている。それから臼杵市の場合は、小規模農家を中心に転換を促しながらも新規参入者を育成していく。転換した小規模有機農家は高齢化も進んでいるし、やはり地域の有機農業を支えるのは、新規参入者をメインに捉えているという感じがします。そういう意味で、四つの事例を見るのに二対二のようなイメージで比較しながら話ができるという気がしました。

谷口　民間主導なのか行政主導なのか、地産地消型か対外販売型か、転換参入か新規参入かというような指標で分けると、この四事例がみんな微妙に違っていてとても興味深いと思いました。逆にいえば、いろいろなパターンがあり得るということを示唆しているのではないか。有機農業が地域に広がるにはいろんなパターンがあり得る。こうでなければいけないというのはないと思います。（第10章に続く）

二〇二一年九月二六日、オンラインにて実施

（1）科研費・基盤（B）「自然共生型農業への転換・移行に関する総合的研究」

（2）元研究メンバー。ジャーナリスト。二〇二〇年に逝去。

（3）有機稲作技術の開発と普及に尽力。二〇二〇年に逝去。

（4）埼玉県小川町の有機農家。日本の有機農業の第一人者。二〇二二年に逝去。

地域農協が環境保全米を普及した
JAみやぎ登米の事例

谷川彩月

環境保全米とは、NPO法人環境保全米ネットワーク（宮城県仙台市）が認証した米のことで、有機JAS規格に準じたAタイプ、農薬が五成分以下で化学肥料は原則不使用のBタイプ、農薬が八成分以下で化学肥料は一〇aあたり三・五kg以下のCタイプがある（二〇二二年現在）。

JAみやぎ登米（宮城県登米市）では、二〇〇三年に、環境保全米ネットワークに参加していた役員が組合長に就任し、管内すべての水田をCタイプに転換する計画が始まった。自治体による支援がないなかでも〇八年には作付面積の九割を占めるまでに至り、その後も七割ほどを維持している。私はこうした環境保全米の普及過程を調査し、『なぜ環境保全米をつくるのか』（新泉社、二〇二一年）を上梓した。

広大な平野と豊富な水源を有する登米は古くからの米どころで、江戸時代には仙台藩主伊達氏の「上げ米の制」のもと、課された年貢以上の米を生産し、余剰分を江戸に船で輸送していた。登米はその名の通り、「米がお江戸に登っていく」地域だった。また、現代においてはこの地域は畜産（とくに仙台牛となる子牛の繁殖）が盛んで、家畜のふんを堆肥として使用する循環型農業が日常的に営まれていた。

この地域では、一九九〇年代初頭からすでに減農薬栽培に取り組んでいた生産者グループが存在し、彼らからすると環境保全米の生産は「すでにやっていた」という感覚で、施策の導入時に違和感はなかったという。有機農業についても、八〇年代頃から単身で実践していた生産者がいた。農協が環境保全米施策に乗り出す際には、彼が他の農業者を説得したり、技術提供をしてくれたという。

施策導入前に農業者に対して実施された説明会では、雑草や病害虫による収量低下が不安視され、また米の買取価格の加算額に質問が集中した。これらは今でも多くの農業者の主要な関心事である（立派な試みであっても、「食えない」のであれば続けることはできない）。こうした声を受けて、農協ではその時々の優勢な雑草や病害虫に応じて農薬の種類や組み合わせを改定し、栽培暦として農業者に提供している。Cタイプの加算額は六〇kgあたり一〇〇円から三〇〇円ほどだが（二〇一八年当時）、堆肥センターの建設や種もみの温湯消毒機の導入などの設備投資によっても農業者をサポートしている。

有機農業や環境保全型農業への転換にはさまざまなリスクやコストがついてまわる。だから、行政や専門機関からの支援の有無が普及や継続を大きく左右する。歴史的・地勢的に見て相対的に条件が有利な登米においても農協による支援が欠かせなかったのだから、他の地域においてはなおのことだろう。農林水産省は二〇二一年に「みどりの食料システム戦略」を策定し、慣行農業から環境保全型農業や有機農業への転換を推進している。そのためには、市町村や地域農協、NPO団体などへの支援策や誘導策が必要不可欠となる。

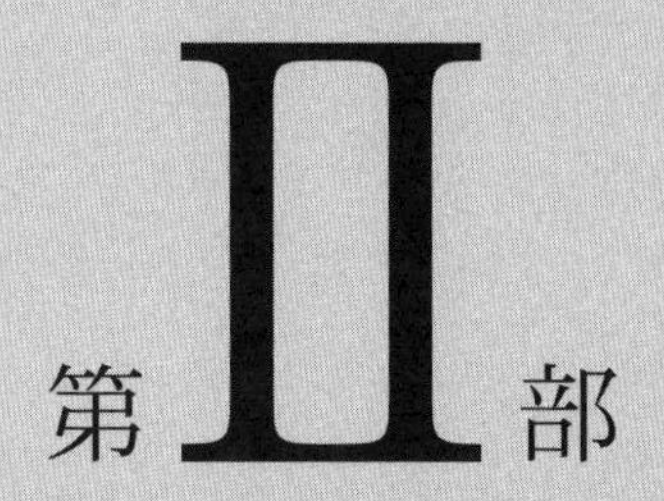

「有機農業の社会化」の展開に向けて

第7章　「有機農業の社会化」とみどりの食料システム戦略

谷口吉光

はじめに

第1章で紹介した「有機農業の社会化」（以下、「社会化」）という仮説は二〇一八年には骨格が固まり、四地域の聞き取り調査も「みどりの食料システム戦略」（以下、みどり戦略）公表前に終えていた。したがって、第Ⅰ部の内容はみどり戦略以前の社会情勢に基づいている。

しかし、みどり戦略という国の大きな政策転換を受けて「社会化」のもつ意味合いをもう一度考える必要が出てきた。以前ならば「日本に有機農業は広まっていない」という通説を前提にしても問題がなかったが、今では農林水産省（以下、農水省）自身が「二〇五〇年までに有機農業の面積を一〇〇万haに拡大する」という大きな旗を振っているのだ。では、みどり戦略の通りに進めば有機農業は望ましい形で広がっていくのかと聞かれれば、「社会化」の視点から見ればとてもそうは思えない。そこで、本章では「社会化」の視点からみどり戦略の問題点を指摘したい。

1　みどり戦略の概要

みどり戦略には「食料・農林水産業の生産力向上と持続性の両立をイノベーションで実現」というサブタイトルがつけられている。これは従来の「生産力向上」という目標に「持続性」という新たな農業政策目標を加えたこと、そしてそれを「イノベーションで実現する」ことを示している。みどり戦略は農林水産業から食品産業を含む「フードシステム」全体が対象だが、とりわけ農業生産に関しては二〇五〇年までに次の四つの目標達成を目指している。

①農林水産業のCO_2排出実質ゼロ
②化学農薬使用量の五〇％低減
③輸入原料や化石燃料を原料とした化学肥料使用量の三〇％低減
④耕地面積に占める有機農業の面積の割合を二五％（一〇〇万ha）に拡大

いずれも日本農業の常識を根底から覆すような目標である。

これまで農水省は「良質な農産物を育てるには化学肥料や農薬が必要である」「農薬は使い方を間違えなければ安全だ」と指導し、地方自治体や農協（現ＪＡ）はその指導に従ってきた。その農水省が突然「三〇年以内に化石燃料の使用を実質ゼロに、農薬を半分に、化学肥料を三割減らす。有機農業を農地全体の四分の一に広げる」と言い出したのである。全国の農業関係者が大きな衝撃を受けたのも無理はない。

なぜ農水省は急激な政策転換に踏み切ったのだろうか。農薬や化学肥料を多用し、資源の枯渇、異常気象や生物多様性の危機などを引き起こしてきた慣行農業をこの先ずっと続けることはできない――。レイチェル・カーソンの『沈黙の春』（一九六二年）から近年の「プラネタリー・バウンダリー（地球の限界）」に至るまで世界中の専門家はそう警鐘を鳴らしてきた。こうした批判を受けて、本来はもっと早く政策転換しなければならなかったにもかかわらず、日本では国も地方自治体も農協もこうした警鐘を聞き流し、旧態依然とした慣行農業を改めようとしなかった。

ところが二〇二〇年に欧米が相次いで持続可能な農業に向けて政策の舵を大きく切ったため、農水省も世界の潮流に乗り遅れまいと農業政策の大転換を決断したのだ。具体的には、アメリカの「農業イノベーションアジェンダ」やEUの「Farm to Fork（農場から食卓まで）戦略」（後述）が大きな影響を与えたのである。ここでいう「農業政策の大転換」は、有機農業を軸に日本農業全体を化石燃料、農薬、化学肥料に依存しない農業に変えていくことである。

みどり戦略が降って湧いたように生まれた背景は以上の通りである。この構図は二〇二〇年一〇月に菅義偉（すがよしひで）首相（当時）が所信表明演説で突如「二〇五〇年カーボンニュートラル（脱炭素化）宣言」を打ち出したときと同じである。欧米が持続可能な社会への転換を打ち出したので、日本もその流れに取り残されないために政策転換を表明せざるを得なかったのだ。しかし、これまで国内の取り組みを十分に進めてこなかったために、政策転換は唐突に表明される羽目になった。生産現場が大混乱に陥ったという点でもこの二つの政策はよく似ている。

2 みどり戦略の問題点

次に「社会化」の視点から、みどり戦略の問題点を五つ指摘したい。

みどり戦略は「有機農業の産業化」の延長上にある

これまでの有機農業推進政策は、経済学の論理に基づいてきた。有機農業の生産量は需要と供給で決まる。生産を増やしたければ、需要（有機農産物を買ってくれる消費者）を増やす必要がある。加えて、良質な農産物を生産するために、優れた技術を開発して普及する必要がある。つまり「有機農業が広がるかどうかは技術と販路で決まる」という考え方だ。

みどり戦略の根底にもこの考え方が根強くある。技術開発については、長期的にはＡＩ（人工知能）、ドローン、ロボットなどのスマート技術を中心とした新技術の開発（イノベーション）に期待しつつも、当面は「既存技術の横展開」、つまり「今使える技術をほかの地域に広げる」方針が示されている。

「有機農業は技術と販路で広がる」という考え方は「有機農業の産業化」（以下、「産業化」）の論理そのものである。そこには「有機農業が社会問題の解決に役立つ」「有機農業が広がるにつれて人びとの間に価値転換が起こる」という「社会化」の論理はまったく見られない。みどり戦略は「産業化」の論理の延長上にあり、「社会化」の論理は非常に弱いといわざるを得ない。

農水省は慣行農業を推進した過去の政策を総括し、政策転換の理由をていねいに説明すべき

第1章で「有機農業の社会化は『機能の系』と『価値転換の系』を通じて進む」と説明した（三一ページ参照）。また第6章の座談会では、有機農業が広がるためには価値転換がいかに重要か、たくさんの意見が述べられた。

しかし、先に述べたように、みどり戦略は「産業化」の論理の延長上にある。だとすれば、みどり戦略では、価値転換をしないまま大勢の慣行農家が有機農業に転換すると考えていることになる。言い換えると、慣行農家は農薬や化学肥料の問題点を一切自覚することなく、頭と心をパッと切り替えて、これから有機農家に変わっていくだろうと考えていることになる。

本当にこうしたことが起きるのだろうか。慣行農家は農水省がみどり戦略を出したからといって、何の疑問やためらいもなく有機農業に転換するだろうか。また、このような転換を進めるのは正しいことだろうか。

繰り返すが、農水省、地方自治体、農協は、農薬や化学肥料の使用を前提とする慣行農業を長らく推進してきた。みどり戦略はそれを一夜にして覆すような政策なのだから、農水省は全国の農業関係者に対してこれまでの政策を総括し、政策転換の理由をていねいに説明する責任があるのではないか。そのなかで「なぜ農薬や化学肥料を減らすのか」「なぜ有機農業を広げるのか」をはっきりと説明する必要がある。

つまり、みどり戦略を本格的に進めるためには、まず農水省が価値転換をしたことを表明する必要がある。そこには農水省自身の自己批判や農業関係者に対する謝罪が含まれるかもしれない。しかし農水省が身を削るような自己批判をして初めて慣行農家に価値転換をお願いする根拠ができるのではないだろうか。

これまでのところ、農水省はそうした総括に基づいた説明を行わず、有機農業をなし崩し的に推進しようとしているように見える。二〇二二年七月から八月にかけて全国九カ所でブロック別説明会が開催されたが、その程度の説明で農業関係者は納得しただろうか。私の懸念が正しければ、価値転換を伴わないまま有機農業への転換を進めても徹底されず、生産現場はさらに大きな混乱に陥るのではないだろうか。

慣行農家が有機農業に取り組むための支援が必要

みどり戦略では有機農業の拡大をこれまでにない規模とスピードで進めようとしている。今までの有機農業の広がりはとても緩やかなものだった（だからいまだに〇・六％の面積しかないのだが）。慣行農家が有機農業に少しずつ興味をもち、何年もかけてやっと自分の圃場で試してみる。それでうまくいけば少しずつ広げ、失敗すればやめたり休んだりする。それは慣行栽培から有機栽培に転換するリスクを考慮して、ひどい失敗をせずに転換するための知恵でもあった。こうしたゆっくりとした変化を積み上げて有機農業は広がってきた。

しかし、みどり戦略を推進するためには、ここで大きな発想の転換が必要になる。これまでは「有機農業を広げる」といえば有機農家の立場に立った見方になっていたが、これからは慣行農家の立場や心情に配慮することがとても重要になってくる。みどり戦略は有機農業を日本農業の主流にしようとしていると考えられるからだ。慣行農家の立場からすると、みどり戦略は慣行農業を日本農業の「少数派」にしようとする政策だということになる。有機農業を大幅に広げることは、大勢の慣行農家を有機農業に転換させることを意味する。これまでは慣行農業が主流で、有機農業は少数派（さらにいえば「異端」）だったが、その地位が逆転するのだ。慣行農家が身構えて警戒したとしても当然ではないだろうか。

みどり戦略が有機農業への転換を急ぐのであれば、転換のプロセスを技術的・経済的・心理的に支援する政策を提供すべきである。慣行農家にとって有機農業は未知の世界である。みどり戦略で示されている「既存技術の横展開」だけでなく、実際に取り組んでもらうためのきめ細かい支援が必要だろう。これまでの試験研究で行われていた栽培研究会の開設、試験圃場の設置、農家同士の圃場巡回などを活用すると同時に、万一病害虫の発生などによって減収した場合には補助金で補填するなどの対策を用意すべきである。

地域における有機農家と慣行農家の共存を

次に考えたいのは「農家と地域の関係」である。これまでの有機農業推進政策では二〇〇八年の有機農業モデルタウン事業[1]は例外として、「農家と地域の関係」はほとんど考慮されてこなかった。たとえば、オーガニックビジネス実践拠点づくり支援事業[2]は、農家は有機農産物を生産して、主に地域外の流通・加工・飲食業者へ販売するという産地形成型事業で、農家が住む地域との関係は考慮されてこなかった。

ところが、みどり戦略を進める過程では、否応なしに農家と地域の関係を考えなければならなくなる。第一に、地方自治体が有機農業を推進しようとすると、慣行農家から反発を受け、農家の間に新たな対立を生んでしまう恐れがある。本書で取り上げたいすみ市でも「慣行農家と一大戦争が起こるだろうと思って躊躇した」と太田洋市長が述懐している（五〇ページ）。

臼杵市でも「市内の慣行農家から『なんで市は有機農業に重点を置くんだ。従来の農業振興策が大切じゃないか』などという意見をいただきました。……慣行農業、専業農家への支援を行いながら有機農家の方々の支援も行っていくということを理解いただきました」との市職員の証言がある（一五三ページ）。

たとえば、みどり戦略の目玉政策の「オーガニックビレッジ（二一七ページ参照）事業」をある市町村が導入したとしよう。この事業は市町村主導で進めることになっているので、首長が決めれば始められる。しかし、地域の慣行農家は有機農業の推進を喜んで受け入れるだろうか。臼杵市のように反発を生む可能性はないだろうか。「有機農業はきつくて儲からない」「病害虫の巣になる」などという有機農業に対する偏見は今でも根強い。その偏見が助長され、慣行農家と有機農家の間に新たな対立が生まれることが危ぶまれる。

同じような対立は、有機農業と減農薬・減化学肥料（減減）栽培の間にも起こり得る。みどり戦略のもう一つの目玉事業「グリーンな栽培体系への転換サポート」は減減栽培（＋脱炭素化）を推進する事業だが、この事業を導入すると、同じ自治体のなかに有機農業、減減栽培、慣行農業が併存することになり、その間の整合性をどうとるかが求められることもあるだろう。

こうした対立を避けるためには、首長が「この地域には慣行農業も有機農業も減減栽培もみんな必要だ。一緒に地域農業を支えていってほしい」と多様な農法の共存共栄を推進する方針を打ち出すことが重要だ。臼杵市のように、市が堆肥（たいひ）センターを造って慣行農家と有機農家の両方に良質な堆肥を安く供給する施策なども効果的だろう。

実は、有機農家と慣行農家にはお互いに学び合い、助け合える課題がたくさんある。有機農家は有機栽培の技術、生きもの調査、産直など消費者との交流、ＳＮＳの活用などの経験が豊富である。他方、慣行農家は農業生産の基礎技術、土地改良や農業水利の知識、地域農業を守る知恵、行政との付き合い方などをよく知っている。農家同士の交流がないと不信感が募るものだが、ともに地域農業を支える仲間だという意識で付き合えば、それぞれの強みを共有してウィンウィン（win-win）の関係を築くことができるだろう。

以上のように、みどり戦略を成功させる鍵の一つは、有機農業と慣行農業がともに地域農業をつくっていくのだという連帯感を醸成していくことである。

生物多様性や社会的公正などを含めるように「持続性」の定義を広げるべき

本章の冒頭でみどり戦略では「社会化」の論理が弱いと述べたが、それは「持続性」という言葉がとても狭く定義されていることに表れている。前述したように、みどり戦略には「食料・農林水産業の生産力向上と持続性の両立をイノベーションで実現」というサブタイトルがついている（この「持続性」は「持続可能性」のことだと解釈する）。これまで日本の農業政策は「生産性向上」一本だったが、このたび「持続性」が加わった点が大きな前進だという評価があるが、本当にそうだろうか。

問題は「持続性」の中身である。みどり戦略を推進するため、「環境と調和のとれた食料システムの確立のための環境負荷低減事業活動の促進等に関する法律」が二〇二二年四月に国会で可決・成立した。私の見るところ、この法律では「持続性」という言葉は明確に定義されておらず、実質的に「環境への負荷の低減」という言葉で置き換えられている。[3]「環境への負荷の低減」とは、化学農薬、化学肥料と化石燃料の使用を減らすということだ。

しかし、「持続可能性＝環境負荷低減」という定義では狭すぎる。農業の持続可能性は、環境負荷だけでなく、自然生態系や農家経営や農村社会などがすべて持続できて初めて実現するからだ。たとえば、農薬や化学肥料を減らしても農家の経営が成り立たなければ、それは持続可能とはいえない。だから持続可能性には自然生態系や農家経営や農村社会の保全という条件を含める必要があるのだ。このような狭い定義でみどり戦略を推進しても、目標に達することはあり得ないだろう。

第9章で長谷川浩氏は、日本の農家人口が急減している現状に警鐘を鳴らして次のように述べている。

「農村は音を立てて崩れている。農業を長い間にわたって経済競争原理に晒したツケは大きく、二〇三〇年代には、農村を維持できなくなるのは明らかだ。農村という基盤があって、そこに農家という人がいて初めて農業が成立するのだ。農村が崩れても農業だけ継続するとか、農家がいなくなってもハイテクで大丈夫といった都合のいいことはあり得ない」（二三七ページ参照）

みどり戦略が本当に日本農業を持続可能にするのならば、長谷川氏が指摘するように、農家の減少に歯止めをかけ、農村を維持存続させる政策を講じるべきだろう。そのためには「持続性」の定義をもっと広げなければならない。

たとえば、EUの「Farm to Fork戦略」では持続可能なフードシステムの特徴として次のような説明がされている。

- 環境負荷がゼロまたはマイナスである
- 気候変動を緩和し、その影響に適応する
- 生物多様性の喪失を逆転する
- 食の安全、栄養、公衆衛生を保障し、すべての人が十分な、安全で、栄養があり、持続可能な食にアクセスすることを保証する
- 食品の値ごろ感を維持し、より公平な経済的利益を生み出し、EUの供給部門の競争力を強化し、公正な貿易を促進する

「環境負荷がゼロまたはマイナスである」が環境負荷の削減に当てはまるが、それ以外に、気候変動への対応、生物多様性の喪失への対応、食の格差是正への対応、経済性への配慮などの側面があることに注目したい。つまりEUが考える持続可能性とは、ただ環境負荷がゼロであればいいのではなく、安全で栄養がある農産物を生活が苦しい人たちにも届けなければならないという「社会的公正」までを含んでいるのである。

農水省の「新しい農村政策の在り方に関する検討会」（座長：小田切徳美明治大学農学部教授）が二〇二二年四月に提出した報告書によると、持続可能な農村を実現するには、しごとづくり

（所得と雇用機会の確保）、くらし（農村に人が住み続けるための条件整備）、土地利用（長期的な土地利用）、活力づくり（人材育成と関係人口創出）の四つの施策が必要だとされている。[4] こうした条件も持続性の定義のなかに含めるべきである。

こうした例を参考に、みどり戦略における持続可能性の定義を大きく広げることを強く求めたい。

（1）「有機農業推進の基本方針（第1期）」で導入された「地域有機農業推進事業」のこと。全国で五〇カ所が指定され、地域内の多様な関係者を結びつけ、農業を起点とした多様な雇用を地域に創出するなど地域に有機農業を広げるのに大きな効果があったが、二〇〇九年に民主党政権下の行政刷新会議での事業仕分けによって廃止された。

（2）有機農業モデルタウン事業廃止の後に導入された事業で、有機農業の技術習得や販路拡大などに重点を置いた産地づくりを目的としている。

（3）谷口吉光「第二〇八回国会 衆議院農林水産委員会 参考人質疑資料」二〇二二年三月二四日、四～五ページ。

（4）農林水産省「地方への人の流れを加速化させ持続的低密度社会を実現するための新しい農村政策の構築」二〇二二年。

第8章 「有機農業の社会化」を持続させるために

西川芳昭

はじめに

本書は、自治体レベルで地域・地方に広がる有機農業について、とくに有機農業が一定程度展開されている四つの自治体を過去の文献から抽出し、現地調査・キーパーソンへの聞き取りを中心に「有機農業の社会化」(以下、「社会化」)の状況を記録してまとめている。第Ⅰ部では、当事者の語りをていねいに記録し、可能な範囲での参与観察や類似研究との比較を行い、政策提言につなげるオーソドックスな研究の成果をまとめている。統計データを見る限り、面積においても生産額においても大きな伸びが見られるとはいえない日本の有機農業であるが、「社会化」を地域政策への統合という視点で観察すると、大きなインパクトが得られつつあることを事例研究は示している。同時に、「社会化」の評価は目標として数値で捉えるだけではなく、到達に至る過程にどのようなアクターがどのように関わってきたかが重要であることも示唆されている。

二〇二一年に発表された「みどりの食料システム戦略」（以下、みどり戦略）においては、一方で五〇年までに有機農業の面積を二五％に増やすというような野心的な数値目標を掲げつつ、その中身は、輸出振興やスマート農業のような、外発的・科学技術志向的戦略に終始していることは周知のことである。そのなかで、地方自治体で農業者が主体的に取り組む有機農業の推進に政府が支援を行う「オーガニックビレッジ事業」も進められている。オーガニックビレッジとは、有機農業の生産から消費まで一貫して、農業者のみならず事業者や地域内外の住民を巻き込んだ地域ぐるみの取り組みを進める市町村を、有機農業の先進的なモデル地区として拡大を図っていくものである。二二年六月までに、本書で取り上げている白川町や臼杵市も認定を受けているが、果たしてこのような認定は「社会化」にとってどこまで有効なのであろうか。

確かにみどり戦略はこれまでの生産主義中心の農業政策から持続性を前面に打ち出す政策への大きな転換であった。しかしながら、その内容や方策が具体化されるなかで、その方向性を肯定的に評価しつつも、多くの疑問や懸念が農家や研究者から表明されている。具体的には、技術的側面や産業化の側面が強調されがちで、日本で有機農業を含めた地域の農業・農村発展の草の根的な営みがどのような経緯で実践されてきたかを十分に整理しないままで量的な目標が独り歩きすることへの疑問である。

「社会化」の持続と発展のために

「社会化」には、われわれが目指そうとしている社会が、現在生きている社会とどう違うのかを明確に見極めることができる市民が増えることが不可欠である。行政の過度な介入に対しては、草の根的な営みにネガティブな影響が出ることを認識し、時にはそれに抗っていく必要も認識されなければならない。筆者は、有機農業が〝本来農業〟であり、有機農業を軸とした食のシステムこそが社会の持続可能性を実現する最良の方法であると信じている。本章では、長年国際開発学の研究に農学・開発行政学・開発社会学の視点で関わって、発展の主体者は誰かを考えてきた者として、「社会化」の事例が持続・発展するために留意すべき点について、やや一般論になるが綴ってみたい。

みどり戦略のような大きな国内政策の変化が起こっているなかで、本研究プロジェクトでは、「社会化」をキーワードに、有機農業が「広がる」過程を描写しその要素を明らかにしようとしてきた。本書の編著者の谷口吉光は、有機農業の展開は、特定のアクターが「広げる」ものではなく、多様なアクターの連携によって「広がる」ものと理解すべきと述べている[1]。さらに、「有機農業を軸に日本農業全体を持続可能な方向に転換する」ことを提言している。また、この研究は、有機農業の展開を単純に到達するべき目標として量的に評価するような政策評価とは一線を画したものと考えられる。第1章で谷口は、有機農業に関わるグループを四つに分け、それぞれを「運動としての有機農業」「ビジネスとしての有機農業」「思想としての有機農業」「政策としての有機農業」と名付けている。注意すべき点として、これら四つのグループが相互排他的ではないことと、政策としての有機農業が成り立つには、明確な公共性、より直接的には税金投入の妥当性が問われることに言及している。

本研究において谷口は、「社会化」を「有機農業が社会問題の解決に貢献することを通じて地域に、社会に広がっていく動き」と説明している。社会を議論する際には、「公共」の議論が不可欠であるが、その際に、主に行政が役割を担う「公」の面を過度に評価するのではなく、住民や農家自身が自発的に参加する「共」の側面に注目することが大切だと筆者は考える。

そこで、本章では、第一に、地域で広がる有機農業と政策とのあるべき関係性について考察し、第二は本研究がモチーフとして共有している、有機農業の広がりの過程を開発の主体論から議論してみたい。注意していただきたいのは、本章は四つの事例から学びつつもより一般化した議論であるため、特定の事例について持続性の危うさを主張しているわけではない。

1 「有機農業の広がり」と「政策」との間の緊張感の必要性

日本の有機農業の展開の歴史は必ずしも順風というわけではなかった。農薬の被害を被った農家と、有吉佐和子の『複合汚染』（新潮社、一九七五年）などで提起された問題を受け止めた消費者が産消提携という形で結びつき、行政や農協、さらには地域社会との緊張関係のなかで実践したことが一つの起源といえる。本書の事例分析のなかで取り上げられた高畠町（第4章）の有機農業運動はその有名な一例である。

一方で、二〇〇〇年以降の有機農業の広がりを見ると、いすみ市（第2章）や臼杵市（第5章）のように自治体首長を中心に市町村行政が重要な役割を果たし、学校給食への有機・地域農産物利用を含めて、急速に量的な拡大を実現している事例も散見される。[2] これらの取り組みは個別事例としては積極的に評価したいが、より一般的な開発論の視点からは次のような疑問が提起できる。それは、有機農業がもつ地域の資源を基盤とする普遍化が難しい取り組みの政策導入に一部の行政関係者が積極的である場合、権力との間の緊張関係を失うと、内発的であった思想・運動が本質を失う危険性があることだ。

社会学者の鶴見和子は、社会運動としての内発的発展は、政府または地方自治体が、近代化政策を推進する場合に、特定の地域の住民がその弊害を修復するか予防するためになされ、一方、政策としての内発的発展は、地域の住民の創り出す地域発展のやり方を政府または地方自治体が政策の中に取り入れるものであると説明している。[3]

本書の事例調査では、行政のキーパーソンはその内発性を当事者として意識しており、運動論と政策との関係が比較的わかりやすい状況にあるが、政策が所与（既に与えられた）の制度となってしまった後の持続性を考える際には、この緊張感を意識する必要があろう。

有機農業の政策化を検討する際に参考になるのは、日本の有機農業運動と多くの面で重なるアグロエコロジーと呼ばれる国際的な概念である。アグロエコロジーの概要を日本に紹介すべく、ピーター・ロセットとミゲル・アルティエリの著書を翻訳した受田宏之は、ロセットらが政治運動の重要性を強調することに対して、「農業は効率の観点からだけ語られてはいけないし、小農の知識と技術、生き方を再評価し、その権利を擁護してきたことはアグロエコロジーの功績である。だが、著者（ロセット）らは、小農に対しては属するコミュニティや慣れ親しんだ景観を優先して生きること、さらには小農的なるものを擁護する人びとには政治的であること、を要求し過ぎているのかもしれない。」という疑問を提起している。[4] アグロエコロジーが小農をロマン主義的に理想化しがちで（方向性は「下から」にせよ）政治的論争を重視しすぎることで、内発的発展のための、草の根的生活の視点が忘れられてしまう危険があることを、「社会化」を考える際にも留意したい。

公共調達で何に気をつけるべきか

本節の冒頭で述べたように、いすみ市や臼杵市において初期に自治体首長の強いリーダーシップのもとに市職員が配置され、農業者を巻き込んで有機農業の普及が図られていることは、有機農業の広がりの可能性を感じさせる先進事例である。さらに、給食を有機農業の広がりの手段とすることも、公共調達が有機農産物の安定的消費につながり、生産者の経営の安定を支える意味は大きい。いすみ市では、有機米が給食に使用されていることが、子育て世代の移入に影響していることも示唆されている。実際に、「社会化」において、行政が関わることのメリットは大きい。有機農業研究先駆者の一人中島紀一は、有機農業推進法が切り開いた政策論として「地域に広がる有機農業」を指摘し、それまでは志ある農業者と有機農産物を尊い食べものとして食べようとした消費者、(ある面、国の政策から独立した) 強い二者の関係性で支えられてきた有機農業に、都道府県や市町村の行政機関に一応の窓口も設置され、(より多くの関係者が) コミュニケーションが可能になったことを指摘している。[5]

今治市のように、地元産有機農産物の実際の使用量が四%にも満たない[6]にもかかわらず、食育と密接に連携し、生産・消費・教育関係者が広く参画して議論を継続することで、先進事例として全国的に評価されている例もある。具体的な根拠があるわけではないが、有機農業を推進してきた実践者が有機農業推進への行政の参与を比較的積極的に捉えるのは、歴史的に有機農業が主流の政策から排除されつつ闘い続けてきたいわば反主流ともいえる意識の裏返しであるかもしれないと筆者は考えている。しかし、内発的発展の視点はもとより、子どもたちを含む市民の主体性を考慮し、社会と将来世代への給食のもつ影響力を考えるときに、量的な拡大を前面に出した有機農産物の需要喚起を強調するような行政の積極的すぎる関与には注意を払う必要がある。その点も含めて、留意点についてさらに次節で議論したい。

2 「社会化」における主体者の確認

「公」と「共」からの二つのアプローチ

本書で取り上げている四事例では、農家や消費者を主体者として下からの仕組みづくりを行ってきた運動論的な有機農業から、自治体首長を中心として地域への広がりを意識して有機農業に関わる主体者を広げていこうとする政策としての有機農業まで、多様なアプローチが明らかにされた。市民が主導する下からのアプローチに「公」が巻き込まれて「社会化」が広がる際には、「公」と「共」の強みと弱点を認識して一定の緊張関係があるべきである。有機農業は、生命活動の仕組みを社会に応用する視点を含んでいるが、地域を持続させるような発展(development)は、生物学的には卵子が細胞分裂をして多様な働きを担う機関に展開「development」していく様と相似している[7]。たとえそれが有機農業であっても、政策として実施される場合は、一定の方向性のみを発展と考えてしまっては、近代化が陥ってきた轍にはまってしまうだろう。

そもそも、農業には自然との関係を相反する方向に築こうとする人間の営みが見られる。たとえば生物学・農学的な側面では、動植物のもっている本来の生存戦略を人間の都合のいいように変形し内実を奪う工業的農業と、多くを自然の力に委ね、人間の関与は自然の与えてくれた多様性からの選択のみとする本質的な農業がそうだ。経済・社会の開発・発展の側面では、農業を文化・文明の視点で研究する末原達郎が、「食物を商品として生産し販売する農業」と、「土地に根差し風土の中で育まれ、その土地の人びとの胃袋を満たし、生命を育む農業」とに分類している。[8] 農村振興を考える場合も、都市・国家・世界というさまざまなレベルで（外部から）相対的に位置づけられる農業生産地域としての農村を見る視点と、多様な人びとが生活する自律的なコミュニティとしての（内部から）農村を見る視点とがある。実際に、両方の視点が存在し、せめぎ合っているわけであるが、どちらに軸足を置くかによって、持続性は大きく変わるのではないだろうか。

類型化することは困難かつ危険であろうが、「公」と「共」の協働とせめぎ合いは、「社会化」プロセスをよく表している白川町の事例と、「公」の主導が効果的に成果を出してきたいすみ市の事例にも見ることができる。一九七三年に農家が中心となって有機農業研究会が立ち上げられた高畠町では、行政が「有機農業推進計画」を策定したのはみどり戦略発表後の二〇二一年である。白川町では、有機農業の将来性と持続性を期待して「ゆうきハートネット」を農家自身が九九年に立ち上げている。その後、〇六年の有機農業推進法の成立を受けてモデルタウン申請を行い、移住促進に関してもNPO法人が中心となって町の協力を得つつ継続的に活動を行っている。有機農業を志す新規参入の潜在的候補者との出会いの場である名古屋市栄の「オアシス21オーガニックファーマーズ朝市村」も民間運営でありつつ、行政機関と緩やかな連携を構築している。

白川町では、継続的な活動が行われて移住者も増えている。他方、いすみ市でも強力なトップダウンの政治的リーダーシップが影響して移住者が増え、有機農業に転換する農家も着実に増えている。どのようなアプローチにおいても、有機農業が「広がる」過程で、どのようなアクターが、どのタイミングで、何をするのかに注目して注意深く評価することが重要である。

もちろん、いすみ市においては首長のリーダーシップがまず注目されるが、それだけではなく、その前段階で地域の生物多様性戦略策定に関わった市民の政策実施への登用や、慣行農業の有機農業への完全転換ではなく、導入を関係者の対話を通じて行ってきたことに注目したい。

3　開発学の視点からの考察——主体者論の普遍化と個別性

農民が主役となれるか

二〇一五年の国連サミットにおいて全会一致で採択された「持続可能な開発目標」（SDGs）では、「我々の世界を変革する」という宣言がなされている。新自由主義の席巻する現状を踏まえて、これまで通りの技術革新と経済成長による未来の描き方に限界があることを一定程度認識し、この限界の克服には循環型共生社会を築くことに望みを置く必要があることを提起したことの意味は大きい[9]。

しかし、農業・農村開発分野においては資源浪費的・環境破壊的な現行の食と農のシステムの非持続性が多くの農家や市民・一部の研究者によって認識されてきたにもかかわらず、国連食糧農業機関（以下、ＦＡＯ）等が主導するアグロエコロジーの主流化の動きを除いては、国際的な政策として実現している例は必ずしも多くはない。二〇二一年九月に開催された国連食料システムサミットでも、有機農業を含めた農業の産業化が加速される議論が繰り返され、市民社会からは激しく批判されている。すなわち、日本をはじめとした各国政府や多国籍企業が、有機農業がもつ持続可能な社会を実現する革新的な概念を共有しているわけではないことが再確認されたわけである。

「社会化」を地域の多様なアクターを主体とした循環型農業の展開と理解するならば、その政策的実践を考える際には前記のＦＡＯの議論を参考にしたい。ＦＡＯは、多様性、知識の共創・共有、自然と人間の営みの相乗効果、効率性＝外部からの投入の節減、リサイクル、レジリエンス（抵抗力・回復力）、人間的・社会的価値、文化・食に関する伝統、土地・自然資源管理、循環的・連帯経済の一〇項目をアグロエコロジーの要件としている。ＦＡＯはこのような農業の実践が、現行の持続不可能な食と農のシステムを変換し、農民が主役となるアプローチ（people-centered approach）との親和性もあることを指摘している[10]。この考え方は、持続可能な開発目標の枠組みや二〇一八年の国連総会における「小農と農村で働く人びとの権利に関する国連宣言」の採択を受けて、さらに広まりつつある。FAOやアルティエリらの唱えるアグロエコロジーの要件を食と農のシステム全体を変革する思想と捉えると、日本の文脈にも十分適用できる。

このような国際的な潮流を日本の「有機農業の社会化」において実践する主体者は誰であろうか。北野収(しゅう)は、フェアトレードの父と呼ばれるフランツ・ヴァンデルホフの思想の解説において、「ヴァンデルホフの主張した開発(発展)の主体は、近代の産物である個人または合理的経済人ではないことはもちろん、自立した政治的意思をもたない大衆でもない。それは、地域社会や歴史文化に根をおろしつつ、人格と尊厳を備えた真の市民(シチズン)たる人びと(ピープル)である。」と述べている。[11] これは、主体者である地域住民から見て他律的な働きを前提とする(客観性を強調する)天動説ではなく、主体者の潜在力に信頼し、主体者の自発的な行為を誘発する地動説が基本であるという主体者観であろう。[12] 政策となれば、一定程度客観的な評価指標が要求されるが、あくまでも意識的に関わる主体者、すなわち実際に有機農業を実践してきた人びとの評価(振り返りや相対化)を中心に置く工夫が必要である。

そのような下からの発展においては、国家主義や経済原理主義に回収されないローカルかつコスモポリタン(世界市民的)な発展論が成立する。政治的主導権の奪取に傾斜するのではなく、自然と人間の関係性に根差して、略奪された自己決定権の回復を目指すことに基本を置いて、「社会化」を進めるべきと筆者は考えている。

しかしながら、このような枠組みの普遍化は果たして「社会化」と本当に整合できるのであろうか。今回の研究の代表者である谷口らが編さんした『食と農の社会学』では、現代の「食と農」のシステムが決してベストのものではなく、グローバル化と工業化が問題の中心で、その改善・解決には農の担い手である主体について検討することが必要なことを述べている[13]。たとえば、グローバリゼーションに対しては、「地域やそこでの暮らしとつながり、真正性（何を本物とするのか、すなわち、有機ＪＡＳのような第三者による認証なのか、当事者による信頼関係を基盤とするのか）の視点」、工業化や近代化に対しては、「環境や持続性、生命・循環という視点」、「農業近代化のなかで軽視されてきた視点の復権（中山間地・多様な農の営み、女性など）」などの重要性を指摘している。「社会化」の評価においてこれらの点を忘れてはならない。

4　今後の展開に向けて多様性と自律性を大切にする

最後に、一般論に傾くことも懸念されるが、内発的発展と参加型開発の観点から、今後の有機農業の展開に必要な視点についての私見を述べたい。最も大切なことは、筆者を含めて、外部の人間が特定の思想やモデルを個々別々の環境にある当事者に押しつけることが問題だ、と認識することである。それが善意からであろうと、有機農業の政策化のような一定程度の普遍性を認めても、押しつけであれば、主体者である農民や住民の能力破壊（dis-empowerment）となる危険性をはらんでいる。法律や制度で有機農業を縛るのではなく、多様な関係者がお互いの自主性・自律性を保ちつつ相互の支え合いを築き上げる素敵なつながりを続けていける社会を草の根で育てることの重要性を忘れてはならない。

新しいフードシステムを社会科学から研究している秋津元輝（あきつもとき）らも、普遍的倫理の存在や、ある理論体系に由来する原則・規範の異なる文脈での適用が不適切であり、権威ある倫理学説からの原則や規範の借用は、当の原理・規範の正当性の検証なく私たちの行為を規制し正否の判断を下す他律性をもつことになる、と述べている[14]。

有機農業を都市住民の側から支えてきた「生活クラブ生協」が戦後の社会運動で常に取り組み続けてきたのは、生き方・働き方の自己決定であった。そのなかで、集合消費という形を実現し、生産者と連帯を実現してきた[15]。コモンズ研究の田村典江（のりえ）は、近年有機農業者を含めて農業の根幹である種子への農民の主権侵害が懸念された「主要農作物種子法」廃止と、それを受けた市民運動を評価して、公的な（行政主導による）システムが種子の管理を行うことは真にコモンズ形成にはつながるわけではないことを指摘している[16]。

普遍的な世界に抗う地域固有の秩序形成について議論するジェームズ・スコットは、「社会的ないし経済的な秩序は、より高度に計画され規制され公式化されるほど、より非公式な過程に依拠することになる。……しかも公式な秩序は、非公式な過程を自ら創出したり維持したりすることができない。」と述べている。[17]

これらを参考に筆者の懸念をまとめよう。四つの事例のような成功例をモデルとして、その手法が他の地域にも移転可能だと考える危険性と、それにかかる費用を認識する必要性である。本書の事例から多くのことを学べるが、それらはあくまでも文脈依存的であり、関係者の（地域における時間的必然性がありながらも）偶然の出会いが大きいと考える。それぞれの地域において、関係者の信頼をもとにした出会いに基づいた、過度な制度化から自由な「社会化」を期待していきたい。本書で取り上げた四つの事例のみならず、有機農業を軸とした持続可能な食と農のシステムを構築するには、私たちは今、第9章で議論されているような「社会の有機農業化」を考えていく必要がある。さらに、「政策の目標を『有機農業を広める』から『有機農業を軸として日本農業全体を持続可能な方向に転換する』」という谷口の提言が実現されるには、公共調達を含む行政の積極的関与や、価値観を共有する関係者が推進する運動の継続も重要な要素であるが、有機農業自体が人間を含む多様な生態系の一部であることを認識した市民（citizen）の自発的行動に根差した活動の推進が図られることがより重要である。

筆者は、四つの事例をモデルとして捉えるのではなく、運動の制度化と制度の運動化のあるべきバランスとその地域への適用の在り方を検討する羅針盤と考えたい。[18]「私は有機農業を営んでいる」と言明することもなく、黙々と暮らしの一部（日常的実践）として営まれる小農的有機農業[19]のような思想的な有機農業と、運動論的有機農業が、政策としての有機農業と緊張感を保ちつつ、併存できる社会に期待したい。今回の研究で明確に示された有機農業の拡大が地域の政策のなかで意味をもつという「機能の系」、有機農業が〝本来農業〟であり、慣行農業もその座標軸のなかで併存させて地域農業を持続させていくという「価値の転換」が、異なる地域生態環境や政治社会的な文脈のなかで応用・展開が可能であるのかを引き続き考えていきたい。

(注) 本章の内容は、本書のもととなる科研費研究に加えて、22H02447の成果の一部でもある。

(1) 谷口吉光「有機農業を軸として日本農業全体を持続可能な方向に転換する」『日本農業年報66 新基本計画はコロナの時代を見据えているか』農林統計協会、二〇二一年、二六三〜二七五ページ。

(2) 第二次世界大戦後の日本における学校給食が、アメリカを中心とした占領政策の影響で輸入(当初は援助)された小麦、それも補助金を受けて生産された結果の余剰穀物の処分も意図されていたことを踏まえると、学校給食への域内産・有機農産物の利用を自治体が主導することは、自治の取り戻しの観点からも社会化として重要な転換である。

(3) 鶴見和子『内発的発展論の展開』筑摩書房、一九九六年、二七ページ。

(4) 受田宏之「訳者解説」ピーター・ロセット/ミゲル・アルティエリ著、ICAS日本語シリーズ監修チーム監修『アグロエコロジー入門——理論・実践・政治』明石書店、二〇二〇年、一五〇〜一五一ページ。

(5) 中島紀一『有機農業政策と農の再生——新たな農本の地平へ』コモンズ、二〇一一年。

(6) 今治市学校給食課ホームページ「二〇一一年度から二一年度の野菜類年間使用量(全調理場)」https://www.city.imabari.ehime.jp/kyushoku/tokucho_katuyo/

(7) 中村桂子・鶴見和子『四十億年の私の「生命(いのち)」——生命誌と内発的発展論』藤原書店、二〇〇二年、一〇九ページ。

(8) 末原達郎『人間にとって農業とは何か』世界思想社、二〇〇四年、二六二〜二六三ページ。

(9) 草郷孝好『ウェルビーイングな社会をつくる――循環型共生社会をめざす実践』明石書店、二〇二二年、一九～三三ページ。

(10) Food and Agriculture Organization. (2018). The 10 Elements of Agroecology. Guiding the Transition to Sustainable Food and Agricultural Systems. https://www.fao.org/3/i9037en/I9037EN.pdf （二〇二二年一一月二二日アクセス）

(11) 北野収「解説　認証ラベルの向こうに思いをはせる」フランツ・ヴァンデルホフ著、北野収訳『貧しい人々のマニフェスト――フェアトレードの思想』創成社、二〇一六年、一八〇ページ。

(12) 北野収・西川芳昭編著『人新世の開発原論・農学原論――内発的発展とアグロエコロジー』農林統計出版、二〇二二年、二四七～二四九ページ。

(13) 桝潟俊子・谷口吉光・立川雅司編著『食と農の社会学――生命と地域の視点から』ミネルヴァ書房、二〇一四年、はしがき三～四ページ。

(14) 竹之内裕文「序　農と食の新しい倫理をもとめて」秋津元輝・佐藤洋一郎・竹之内裕文編著『農と食の新しい倫理』昭和堂、二〇一八年、九ページ。

(15) 道場親信『「戦後日本の社会運動」と生活クラブ』市民セクター政策機構、二〇一六年、九九～一〇三ページ。

(16) 「共」の存在が弱いため、「私」が強調される状況への対抗として、過度に「公」を頼ることへの疑問を提起している。田村典江「種子を共的世界に取り戻すことは可能か――コモン化（commoning）の視点から」西川芳昭編著『タネとヒト――生物文化多様性の視点から』農山漁村文化協会、二〇二二年、二三六～二三九ページ。

(17) ジェームズ・C・スコット著、清水展・日下渉・中溝和弥訳『実践 日々のアナキズム――世界に抗う土着の秩序の作り方』岩波書店、二〇一七年、五五～五六ページ。

(18) 谷口吉光・尾島一史・大江正章・相川陽一「有機農業と地域づくり」澤登早苗・小松﨑将一編著『有機農業

大全――持続可能な農の技術と思想』コモンズ、二〇一九年、一七八〜二〇三ページ。

(19) 三年以上にわたる島根県旧弥栄(やさか)村での滞在フィールドワークを通して、地域の農業を支えている高齢者の大半が、運動や思想としての「有機農業」を意識せずに、地域循環型の生産様式や顔の見える食べ手とのやり取りを実践し、伝統的な自給的農業が有機農業の要素をもっていることを明らかにしている。相川陽一「地域資源を活かした山村農業」井口隆史・桝潟俊子編著『地域自給のネットワーク』コモンズ、二〇一三年、一〇八〜一一九ページ。

第9章 社会の有機農業化
——持続可能な社会のつくり方

長谷川浩

1 農業・農村がもつ非経済的価値の重要性

一般的に、農家は農業だけに専念しているとイメージする人が多いかもしれない。実際には、農村地域の自治、中山間地では獣害対策、清掃や草刈りなどのボランティア作業、雪国では除雪なども担っている。農家は、産業としての農業だけを行っているのではない。

農業のさまざまな役割について考えてみよう。まず農業は農村景観を形成し、国土を保全する。水田には、トンボ、カエル、これらを捕食するトキ、コウノトリといった水生生物のハビタット（生息地やエサ場）を提供する役割があり、農作物や果樹などの蒸発散や緑陰を通じて、人間にも野生生物にも快適な住環境を提供する。光合成を通じて温室効果ガスであるCO_2を土壌に腐植として固定して地球を冷やすこともできる。

次に、農村がさまざまな伝統芸能や食文化を育んできたことも重要だろう。その土地に根差した農業技術は親から子へ、子から孫へ伝承されてきた。生産された食べものが健康に大きく影響することにも着目したい。食べることは楽しむことそのものであり、会話の話題ともなる。農作業は、エクササイズとして健康に貢献し、自然との接点をつくり、気分転換にもなる。また、農業は子どもたちに生きものを育て、殺生して食べものとしていただくことを通じて教育機会を提供する。調理した人を通じて「いただきます」「ごちそうさま」の価値を教えることもできよう。農作業を一緒に行うことでコミュニティを形成することができる。このように、農業・農村は経済だけでは語ることのできない、重要で非経済的な価値を提供してくれる。

本書で取り上げた、いすみ市、白川町、高畠町、臼杵市では着実に有機農業が広がっていた。有機農業が広がると農地面積が増えて販売金額が増えるだけでなく、地域が活性化し、移住者が増えるなどの波及効果を生み、その価値は産業としての有機農業の範疇にとどまらないことが明らかになった。先に述べた、「非経済的な価値」の最大化にもつながるだろう。これらの事例を参考に、全国各地において有機農業がさらに地域に広がることが期待される。ボトムアップなので着実だ。ただしこうした方法で広げるためには、時間がかかることを指摘したい。

2 食料危機、環境危機がいつ起こっても不思議ではない

しかし、日本農業の衰退と地球環境の悪化は緩やかなペースの対処では間に合わない危機的なスピードで進行している。

国内農家の人口は右肩下がりに減少し、高齢化の一途をたどっている。農家人口は一九六〇年には一一七五万人だったが、六〇年後の二〇二〇年にはわずか一三六万人にまで減少した。[1]現在の農家の平均年齢は六八歳だ。サラリーマンでいえば、退職して年金暮らしを始めた高齢者が国内農業を支える大黒柱なのだ。今後も、戦後の団塊世代がさらに離農するのに対して、新規就農者で補える見込みは立っていない。今の趨勢が変わらない限り、農家人口は三〇年代までにさらに半減して七〇万人未満、経営体としての農家は五〇万戸ほどに減ることは避けられないだろう。一方、耕作放棄地は一五年には富山県より広い四二万三千haにも達している。[2]

なぜこのように農家人口が減り続け、耕作放棄地が増えてきたのだろうか。海外の安い輸入農産物が洪水のように押し寄せ、国内の農産物価格は安値にとどまってきたことは一つの大きな要因だろう。農家は、農業収入で子育ても子どもに高等教育を受けさせることも困難な状況が続いてきた。日本は、国土の起伏が大きく人口密度が高いので、アメリカやオーストラリアのような平坦な農地は少なく効率的な耕作をすることができないため、輸入農産物と価格競争

することに自体にそもそも無理がある。

農村は音を立てて崩れている。農業を長い間にわたって経済競争原理に晒したツケは大きく、二〇三〇年代には、農村を維持できなくなるのは明らかだ。農村という基盤があって、そこに農家という人がいて初めて農業が成立するのだ。農村が崩れても農業だけ継続するとか、農家がいなくなってもハイテクで大丈夫といった都合のいいことはあり得ない。

二〇二二年夏、日本では北海道、東北、北陸などで豪雨災害が起きた。筆者の住む福島県喜多方市も二四時間以上にわたってこれまでにない規模の豪雨が襲い、がけ崩れや倒木被害が発生し、昔ながらの農業用水路が甚大な被害を被った。一方、ヨーロッパでは、過去五〇〇年で最悪とされる熱波と干ばつが続いた。イギリスのガーディアン紙は、熱波と干ばつはヨーロッパにとってこれからの「ニューノーマル」だと報じた。すなわち、熱波と水不足による農作物の減収、ワイルドファイアー（山火事）の発生、河川の流量大幅減とそれによる水力発電量減や船舶輸送の障害が「日常」になるという[3]。

こうした気候危機以上に深刻なのが「生物大量絶滅危機」だ。生物大量絶滅とは、地球の環境変化や隕石衝突による環境変化によって過去に存在した多種類の生物が同時に絶滅した現象のことだ。わかっているだけで五回の大量絶滅が起き、一回につき動植物の七〇〜九五％が絶滅したとされる。過去一〇〇年間で四〇〇種類を超える脊椎動物が絶滅したことから、メキシコ国立自治大学の生態学研究チームからは六回目の生物大量絶滅が迫っていると警告が発せられている。[4] われわれが、熱帯雨林など自然環境を破壊し、地球を暑くし、農薬という殺生物剤をまいていることが原因だ。二〇二〇年に出されたオックスファム（NGO）の報告書によると、上位一％の最富裕層をはじめ、わずか一〇％の富裕層が世界の累積炭素排出量の約半分を占めている。[5] 経済的に裕福な富裕層ほど、地球をわがもの顔で破壊しているのだ。

また、一九七二年にローマクラブというシンクタンクが『成長の限界』を発刊し、無限の経済成長と人口増が続けば、地球は取り返しがつかないほど破壊され、一人あたりのGDPや食料生産、そしてついには人口も減少に転じて、現代文明は崩壊すると警告した。[6] 二〇一二年に再解析したところ、七二年からの五〇年間、ローマクラブが警告した文明崩壊は回避に向かうどころか、当初の予測通りに進んでいるという。二〇二〇～三〇年代に文明崩壊が現実になるかもしれないのだ。[7] 文明が崩壊するとは、生存のために必要な食料、エネルギー、水、その他日用品といった、あって当然と思われるものが必要なだけ手に入らなくなり、結果、社会の仕組み自体が崩壊してしまうことを意味する。地球規模の気候危機や生物大量絶滅危機がさらに深刻化し、農家の人口減少が止まらなければ、食料危機がいつ起きても不思議ではない。

3 「社会の有機農業化」とは――有機農業を生活、社会、教育の柱に据える

もはや、発想も価値観も一八〇度変える以外にこの危機への対処方法はない。農的暮らしを営む市民を増やし、農業を支える社会をつくり、教育でも食農教育を柱とする。これらを総称して、「社会の有機農業化」と呼ぼう。自ら生きものを育て、食べものとして収穫し、土壌や自然に触れる生活は、本来、心身ともに健康でウェルビーイングの高い生涯を送るためになくてはならないものでもある。「社会の有機農業化」を通じて、人間も数百万種いるといわれる生物の一員であることを学び、実践し、地球を守る一員に変わろう。農業の非経済的価値を最大化して、経済原理至上主義をやめるのだ。そのためには、「社会の有機農業化」は必然であり、当然だ。この「社会の有機農業化」について五つの視点から詳しく見てみよう。

①生活の有機農業化

自ら米、野菜、果物、家畜などを育てて、食べものを得る暮らしは肉体の健康や精神的リフレッシュにもつながり、販売農家だけに独占させるのはもったいない。だから、出身や年齢を問わず、有機農業に関わるのは市民の権利であると考えよう。

春にはレタス、キャベツなどの葉物野菜やダイコンやカブなどの根菜、夏にはトマト、キュウリなどの夏野菜、秋から冬には根菜、白菜などのさまざまな野菜を自ら育てて食べよう。栽培に慣れれば狭い面積でも食べきれないほどの野菜がとれるようになる。食べきれない野菜は、漬物や干し野菜、瓶詰めにして保管できる。それでも余ったら、近所にお裾分けしよう。まず、目指すのは自身や家族が食べる野菜の自給だ。

鶏、合鴨、ガチョウといった小さな家畜から、ヤギ、羊、豚といった中型の家畜まで多くの人が育てられるようにしよう。雑食性の家畜は野菜や野菜くず、虫食いの野菜や穀物、生ゴミをエサにするので、日本で大きな社会問題となっている食品廃棄物がほとんど出なくなり、食品廃棄物の大幅削減に貢献する（農場から家庭までのさまざまな段階で食べものが捨てられている。廃棄の割合は三〜四割にも達するという）。このほか、草食性の家畜は、人間が食べられない草を肉や乳製品に変えてくれる。家畜のふん尿は、堆肥として田畑に還元して土壌の腐植向上に貢献する。何より、家畜を世話することは、動物と触れ合う心豊かな生活につながる。

穀物やイモ類を年間を通して食べるためには、ほかの野菜よりも広い農地を必要とするが、農地面積に余裕があれば、サツマイモ、ジャガイモ、里イモを育てて、日常からイモ類を貯蔵して食べる習慣をつけよう。穀物では、何といっても水稲だ。田んぼオーナー制度を利用するか、農家の稲作を手伝うとよい。小麦や大麦は野菜畑に組み入れると植生が多様になる。

果樹は、苗木を植えてから収穫まで数年かかるので、長期計画を考えて実践しよう。自家菜園に果樹や防風林などの永年生樹木を植える農法をアグロフォレストリーと呼ぶ（日本の平坦地農村には、屋敷の周りに果樹や防風林が植えられた。仙台平野ではイグネと呼ばれる[8]）。アグロフォレストリーを実践する市民が増えれば、温室効果ガス排出の低減に貢献できる[9]。なるべく耕さない少耕起にすると、腐植としてCO_2を土壌に固定できる量をさらに増やすことができるので、少耕起のアグロフォレストリーは地球環境にとって理想の自給菜園だ。

野菜や家畜の育ちや収穫状況はどうか、食べて美味しかったか、料理や加工のノウハウが毎日の会話になる――これが生活の有機農業化の真髄だ。市民が野菜だけでなく、果樹、水稲、家畜も育て、仮に一億人が一人あたり四〇〇㎡(〇・〇四ha)を耕作したら、これだけで四〇〇万haに達し、日本の農地面積の九割弱をカバーできるのだ。**表9―1**はこの仮説に基づき、さらに次に述べるような販売農家の耕作シナリオも加えて作成した。

②販売農家のシナリオ

このシナリオでは、販売農家の平均耕作面積を平坦地で四ha、中山間地では〇・五haと設定した。販売農家は、水稲、大麦・小麦、大豆、サツマイモ、ジャガイモなど土地を広く使う作物に責任をもつ。肥料源は、マメ科緑肥による窒素固定、堆肥、し尿などだ。

耕作放棄地は販売農家が家畜、なかでも草食動物を放牧して解消する。一戸あたり五ha、八万戸が耕作放棄地に放牧すれば四〇万haのすべてが少ない労働力や機械で有効活用できるだろう。放牧によって、肉、乳製品、卵などを生産できるのに加えて、農地とそれ以外の境界が明瞭になるので、獣害抑制につながる。実は、欧米を中心に世界中で環境再生型農業としての放牧に注目が集まっている。自然を模倣したモブ放牧(mob grazing)で牛などの草食動物の放牧を行うと、土の有機物を劇的に増やすことが可能であるという(10)。放牧は、家畜福祉に配慮した

表9—1　2030年代に50万農業経営体に加えて市民が1人400㎡(0.04ha)を耕作するシナリオ

	単位面積(ha)	戸数、人数	面積(万ha)
自家菜園など	0.04	1億人	400
平坦地販売農家	4	10万戸	40
中山間地販売農家	0.5	20万戸	10
耕作放棄地放牧	5	8万戸	40
合計			490
林間放牧	50	12万戸	600

筆者作成。

方法でもある。

さらに、林業と畜産を組み合わせた林間放牧を行えば、下草刈りの労力が減り、家畜のふん尿が肥料分となって木の生長を促進する。仮に一戸あたり五〇ha、一二万戸が林間放牧すれば六〇〇万haの里山を有効活用できる（表9—1）。また、林間放牧が、温室効果ガス削減に最も効果的な農業の方法でもあり[11]、獣害抑制にも貢献する。材木・木質燃料・キノコ原木・バイオ炭の生産なども行える。山菜や天然キノコの採集、落ち葉集めなど昔から行われてきた里山利用も復活させよう。栗、どんぐりなどの堅果がなる木を植えれば食料危機への備えにもなる。

このようにして、さまざまな非経済的価値の向上を図ることで国内自給率は高まり、食料輸入に伴う外貨支払いは節約され、結果、食料安全保障向上にもつながる。ヨーロッパでは農家の収入の七割から一〇割はさまざまな種類の補助金で賄われている[12]。換言すれば、販売農家の所得を税金で保証することで、食料生産を行うだけでなく、農村や里山も保全してもらえる。これが、ヨーロッパの常識なのだ。日本でもこの考えを取り入れて、公務員の年収を参考に、最大で六八〇〇万円の年収を保証したらどうだろう。

③農業ある生活を支える社会

農業ある生活の実現は個人の努力だけでは限界があり、急速に広げるには行政の支援が欠かせない。市民菜園については、ロシアのダーチャがモデルになる。ダーチャとは、ロシアの都市住民のための郊外の菜園付きセカンドハウスのことで、一般的な一区画面積は六〇〇㎡。市民は、一カ月の夏休みの間、ここでジャガイモをはじめとする野菜を育て、加工品などの基本的食料を自給する。モスクワ州で行われた調査によると、一ダーチャあたりの収穫量は、ジャガイモ二四〇kg、果物一二〇kg、キュウリ・トマト各一一〇kg、根菜類九五kgなどに及んだという。二〇〇三年時点では国内三四〇〇万世帯の八割がダーチャを持ち、国内ジャガイモ生産量の九二％を賄っていたというから驚きだ[13]。これにより、旧ソ連体制崩壊時には、現金がない、店にモノがないなど困難な事態となったにもかかわらず、ロシア国民はパニックになることもなく乗り越えられた[14]。こうした農的暮らしによって、共同体意識（コミュニティ）が生まれるように計らおう。誰もがウェルビーイングの高い生涯を送ることが、土壌も生物多様性も地球環境も守ることにつながるように日本版ダーチャを運営すべきだ。

農のある生活を支えるため、自治体や国など行政からの支援と整備は欠かせない。たとえば、地域に適した種子・種イモ・苗の供給も販売農家が行えるよう、国が支援するべきだろう。地元の資源から堆肥を作る堆肥センターも行政の責任で建設・運営するとよい。市町村の生ゴミも堆肥にしよう。さらに、コンポストトイレなどでし尿をリサイクルすれば、化学肥料はほとんど不要となる（ただし、現状では都市の広域下水道の下水汚泥は有害物質が入っている可能性があり、農地還元は難しい）。し尿を農地へ還元するために輸送できる範囲で都市の大きさは規定される。都市が大きくなるほどし尿の輸送距離が増大して非効率となるからだ。大都市を縮小して、し尿の農地還元を容易にしよう。水稲栽培のためのため池・用水路・取水口・灌漑(かんがい)用ポンプ、畜産用のと畜場や畜産物の加工施設の維持管理は行政の役割ではないだろうか。

やがて地域の農業が再生すれば、販路が必要となる。ファーマーズマーケット（朝市）や地域支援型農業（ＣＳＡ）への行政による支援が欠かせない。地元食材を使った食品製造加工業、地元食材を使った飲食業も、立ち上げは行政が財政支援すべきだ。

土壌や自然と触れ合う生活には、大都市よりも自然豊かな地方のほうが適している。高知県梼原町(ゆすはらちょう)では、町が国と高知県と予算を出し合って空き家を整備して移住希望者に貸している[15]。このモデルのように、地方への移住促進も行政が支援するのだ。縮小した都市からは車を締め出して、複数車線や駐車場、ビルの屋上、ありとあらゆる空き地や空間を野菜畑、緑地あるいは湿地とすることを義務化するとよい。

市民がこのような自給的農業に取り組める社会を実現するには、現状のような週五日長距離通勤し、夜遅くまで働きづめの勤務形態では難しい。徐々に勤務日数を減らすなど、農的暮らしを両立できる働き方のためには大幅改革が必要だ。

④教育に農を取り入れる

子どもたちには、まず、人類は自然の一部であり、数百万種いるといわれる生きものの一つにすぎないことを教えるべきだろう。具体的には、生物学・環境学・生態学の子ども向け授業となる。有機農業の定義（二一ページ参照）や実践も義務教育で教えよう。著者が住む福島県喜多方市ではすべての小学校において、三年生から六年生までの総合学習の時間、年間の半分にあたる時間をあてて、農業を通じて豊かな心や社会性、主体性の育成を目指している。地元農家も先生として協力している[16]。

アメリカでは、花壇や校庭に食べられる野菜などを植えて、それを学校で子供たち自らが調理して食べる「エディブル・エデュケーション（食べられる教育）」が広がっている。この活動に二〇年以上取り組んできたネットワークによると、食べられる教育は「おまけ」ではなく、食を通じてより広い関心領域に学びが広がるため、学校教育の中心にあるべきカリキュラムであるという[17]。このようにして、有機農業化した社会を担う次世代を育成する。

⑤人材と指導者の育成

「社会の有機農業化」にとって一番の投資は人材育成だ。日本国内の大学、大学院、大学校において、有機農業あるいはそれに類似した名称をもつ研究室や学部は、ごくわずかだ[18]。国は、二〇五〇年までに有機農業面積を農地の一〇〇万haに大幅拡大する「みどりの食料システム戦略」を発表した（第7章参照）。にもかかわらず、国立研究開発法人である農研機構では、中日本農業研究センター内に「有機農業体系」研究プロジェクトを設けているだけだ。最大のネックは、人材育成のための指導者が高等教育機関にごくわずかしかいないことで、大学や農研機構で有機農業を実践できる人材を大量に輩出できる可能性は低い。

もともと、有機農業技術は民間の有機農業者が開発し、新規就農者の人材育成も先駆者の有機農場で行われてきた経緯がある。例を挙げると、有機農業の先駆者、金子美登（よしのり）さんは埼玉県小川町の霜里（しもさと）農場で一五〇人を超える非農家の子弟を研修生として受け入れて指導した。修了した研修生は、販売農家や自給農家として全国各地で活躍している。今後の有機農業者の育成も、有機農業を教える指導者の養成も、これまでの経緯を考えると、このように民間が行うのが望ましいだろう。行政が担うべき重要な役割は、有機農場における研修制度や有機農業指導者養成を財政的に支援することだ。市民菜園においても技術指導できる人は決して多くない。今後、市民菜園の技術指導者を指導できる講師も養成する必要がある。

4 命がかかっていれば社会は変えられる

ここまで、「社会の有機農業化」について五つの視点から見てきた。なかには、社会を大きく変えることは無理だとあきらめている方もいるかもしれない。しかし、社会を突然にしかも大きく変えた事例があったではないか。新型コロナウイルスである。新型コロナウイルスは二〇一九年一二月の中国武漢市での流行を皮切りにまたたく間に世界中に広がった。ウイルスは変異を繰り返し、二二年一〇月までの世界の累積死者数は六五〇万人を超えた。

新型コロナウイルスの発生以来、以前は想像すらしなかった強力な施策、たとえば主要都市のロックダウン、外出や店舗営業の規制、マスク着用の義務化などが強制力をもって実施された。テレビ、新聞などの報道、SNSの話題もコロナ一色となった。ワクチン開発が加速し、ウイルス発生からわずか一年後には一般へのワクチン接種が始まった。二〇二二年一〇月までにワクチン接種した人は世界人口の約七〇%に達した。発生から三年経って収束の兆しが見えてきた。コロナウイルスが教えてくれた、命がかかれば社会は変わる、と。

二〇〇〇年頃を基準としてこの二〇年間で熱波による死者は六八%も増えたという[19]。気候問題でも命がかかっているのだ。食料が不足すればさらに多くの命がかかることはいうまでもない。命がかかっているからこそ、「社会の有機農業化」を実現しようではないか。

(1) 農林水産省「農業従事者数(のうぎょうじゅうじしゃすう)の変化(へんか)をおしえてください」二〇二一年。https://www.maff.go.jp/j/heya/kodomo_sodan/0108/12.html(アクセス二〇二二年八月二二日)

（2）農林水産省「荒廃農地の現状と対策について」二ページ、二〇二〇年。https://www.maff.go.jp/j/nousin/tikei/houkiti/Genzyo/PDF/Genzyo_0204.pdf（アクセス二〇二二年八月二二日）

（3）'The New Normal': How Europe is being Hit by a Climate-Driven Drought Crisis, The Guardian. 二〇二二年八月八日。https://www.theguardian.com/environment/2022/aug/08/the-new-normal-how-europe-is-being-hit-by-a-climate-driven-drought-crisis（アクセス二〇二二年八月二一日）

（4）「第6の絶滅期、予想より早く到来か――「原因」は人類の活動」CNN.co.jp、二〇二〇年六月二日。https://www.cnn.co.jp/fringe/35154679.html（アクセス二〇二二年八月二二日）

（5）Gore, T.（2020）. Confronting Carbon Inequality, Putting Climate Justice at the Heart of the COVID-19 Recovery, OXFAM International. 二〇二〇年九月二一日。https://www.oxfam.org/en/research/confronting-carbon-inequality（アクセス二〇二二年一〇月一〇日）

（6）ドネラ・H・メドウズほか著、大来佐武郎訳『成長の限界――ローマ・クラブ「人類の危機」レポート』ダイヤモンド社、一九七二年。

（7）パブロ・セルヴィーニュ／ラファエル・スティーヴンス著、鳥取絹子訳『崩壊学――人類が直面している脅威の実態』草思社、二〇一九年。

（8）「東北食べる通信」雨風太陽、二〇一九年三月号。

（9）ポール・ホーケン編著、江守正多監訳『DRAWDOWNドローダウン――地球温暖化を逆転させる100の方法』山と溪谷社、二〇二一年、九七～九九ページ。

（10）ゲイブ・ブラウン著、服部雄一郎訳『土を育てる――自然をよみがえらせる土壌革命』NHK出版、二〇二二年、六九、九九～一一二ページ。

（11）前掲（9）一〇四～一〇七、三九九ページ。

（12）鈴木宣弘『農業消滅――農政の失敗がまねく国家存亡の危機』平凡社新書、二〇二一年、五四ページ。

（13）「海外エコノメール　モスクワ週末菜園『ダーチャ』野菜の自給で生活防衛」東京新聞、二〇〇四年四月一五日。

(14) 豊田菜穂子『ロシアに学ぶ週末術——ダーチャのある暮らし』ＷＡＶＥ出版、二〇〇五年、一四〜三〇ページ。
(15) 甲斐かおり「月1万５０００円で『すぐ住める空き家』が強み。5年間で２００人、移住者が絶えない町のしくみ」Ｙａｈｏｏ！ニュース、二〇二〇年五月一一日。https://news.yahoo.co.jp/byline/kaikaori/20200511-00170026（アクセス二〇二二年一〇月一〇日）
(16) 「第42回日本農業賞・特別部門　第９回食の架け橋賞「大賞」を受賞しました」福島県喜多方市役所、二〇一五年一一月四日。https://www.city.kitakata.fukushima.jp/site/nougyouka/978.html（アクセス二〇二二年八月二二日）
(17) 「エディブル・スクールヤードとは」エディブル・スクールヤード・ジャパン。https://www.edibleschoolyard-japan.org/whatis（アクセス二〇二二年八月二七日）
(18) 著者の知る限り、東京農業大学アグロエコロジーゼミ、島根県農林大学校有機農業専攻、埼玉県農業大学校有機農業専攻など。民間には、民間稲作研究所、自然農法国際研究開発センター、ＭＯＡ自然農法文化事業団大仁農場、秀明自然農法ネットワーク、あした有機農園、パーマカルチャー・センター・ジャパン、パーマカルチャー研究所、コトモファーム、自然菜園スクール、赤目自然農塾などがある。
(19) 「猛暑や熱波の死者、七割増　約二〇年間で、気候変動」東京新聞、二〇二二年一〇月二六日。https://www.tokyo-np.co.jp/article/210210（アクセス二〇二二年一〇月二六日）

第10章

座談会｜2

「社会化」によって広がる有機農業

谷口吉光
秋田県立大学
地域連携・研究
推進センター教授

吉野隆子
オーガニック
ファーマーズ
名古屋代表

藤田正雄
有機農業参入
促進協議会
理事・事務局長

西川芳昭
龍谷大学
経済学部教授

長谷川浩
母なる地球を
守ろう研究所
理事長

谷口　この座談会では「有機農業の社会化」（以下、「社会化」）の有効性と課題について議論したいと思います。この仮説を考えたのはコロナ禍の前です。その後みどり戦略（第7章参照）が出て国が有機農業の大幅拡大を政策化したわけですが、だからといって有機農業の未来が楽観視できるとは到底いえません。このような状況のなかで、「社会化」という考え方がどんな有効性をもつのかについて、自由に議論したいと思います。

調査地でどのように「社会化」を見出したか

吉野　白川町はトップダウンではなく、自分たちの力に加えて有機農業がもっている力も借りながら、「社会化」していった事例だと捉えています。最近、白川町で集落営農[1]している人たちから、自分たちは高齢で子どもは帰って来ない可能性が高いので、今後を見据えて、農地を有機農業に取り組んでいる移住者たちに任せてもいいのではという議論が出てきているそうです。これは白川町での「社会化」の表れといえるのではと思うし、移住してきた新規就農者たちが信頼されることで広がっているように感じます。

西川 白川町の場合、信頼関係や人と人とのつながりにおいて、有機の新規就農者が農産物を売る場所としての朝市村（九〇ページ参照）の存在は大きいです。朝市村の場合は行政からの直接支援はないものの、緩やかにつながっている関係もあります。生産現場だけを見るのではなくて、朝市村のような都市側の場を通じたつながりも見ていくべきという気がします。またそれ以上に重要なのは、吉野さんが中心になって架け橋になっておられることです。

吉野 今のところは行政とは緩やかな連携です。最近は県に「有機農業で新規就農したい」という相談があれば、面談につなげていただくという連携は始まっています。

白川町に入った人たちはここに入るべくして入ったと感じています。彼らが力を発揮することで白川町にとって本当にいい展開になっています。自分たちで発信することで、農家以外の移住者も増えていて、仲間になったり支えたりしてくれている。今では家が不足している状況です。自分たちが地域を変えてきたことは有機農業がベースにあるからできているので、「社会化」の一つの形といっていいかなと思っています。

谷口 「社会化」の仮説では有機農業が広がるには機能と価値転換という二つの系があると説明していますが、吉野さんがおっしゃった「信頼」は、もしかすると三番目の系になるのかな。これが「有機農業の産業化」ではないことは確かですね。「産業化」ではない論理で有機農業が広がっていることを大きく「社会化」と呼んでいますが、その中身は今後も詰めていこうと思います。

藤田　先ほどの吉野さんの「白川町にいい人が集まってきた」という話についてですが、国の新規就農支援事業で「どうしたら毎年一五〇万円もらえるんですか」からスタートするような人は白川町に入ろうという気持ちになりにくい状況があったと思うんですね。ただ単に有機農業をやったら儲かるからとか、そういう論理ではなくて、そこでの生活を求めている人が来ている。白川町って、特別な中山間地ではないですよね。だから、そこに関わっている人が人を呼んでいるということが重要だと思うんです。実践している人の姿を見て、「ここだったら」と感じた方が来られているのではないかなという気がしますね。

谷口　それをもう一段論理的にいうとどうなるのでしょう。どうして白川町では人が人を呼ぶのですか。

藤田　（有機農業に）魅力があるんですよね。私自身も当初は全然農業と関わる気持ちなどなかったけれど、本来の生きる術がここにあるのかなと思わせるものが有機農業にはあったのです。それは単に、農業技術だけの問題ではなくて、人間らしくという表現でいいかわからないですが、振り回されずに生きていく本来の在り方というか、自分を見つめる在り方というのが有機農業のなかにあると思います。

谷口　生き方とか魅力とか、人間らしくとかいう言葉になるんでしょうか。そうすると価値観の話になってしまって、それを認めない人にとっては関係のない話になってしまう。そうではなくて、有機農業に興味がない人でも「白川町に人が集まるのはこういう理由なんだ」と納得してもらえるような理由づけができないかと考えています。

現代社会では客観的にいろんなことを語ろうとして、生きている人間と関係がないように語られてしまいがちです。たとえば「有機農業はすばらしい」と、大学の講義で知識として身についても自分自身の人生とは結びつかない。私たちがたった一回しかない人生をどう生きるかという肝心の問題につながらない。

第6章の価値転換の議論でもお話ししましたが、白川町にいい人が集まっているということも、白川町の皆さんがやはりこれしかないという気持ちでやっているということが移住希望者に伝わって、その状況に自分も関わりたい、自分の人生をここで生きてみたいと思わせるものがあるのではないか。こんな考え方もできるのではないでしょうか。

みどり戦略と「社会化」

藤田　みどり戦略では、産業化が大きな割合を占めていると思いますが、行政が主体的になれば、今まで個人が努力してもできなかったことができるようになってくると思うんですよね。ある程度有機農業の割合を増やすことによって、有機農業や有機農産物がもっと一般化していく。今の国の政策を進めていけば、それらがごく当たり前に自分の必要なものとして揃えられるようになっていくだろうという一面はあると思います。でもそれが「社会化」かというと、疑問があります。もう一つは臼杵市もそうですが、慣行農家になかなか広がらないんですよね。

きっかけがあれば広がる面はあるかと思いますが。

それから、みどり戦略で農薬とか化学肥料について、今まで安全だと言っていたものをどうして変えなければいけないのかということを、国にきちんと説明してもらわなければいけないと思います。そのことを通して、有機と慣行の両方の農業政策が地域産業として必要だという受け取り方も今後進んでいくだろうなと思います。そのようにして、有機農業も「社会化」していく、つまり市民権を得られるだろうという気がします。

吉野　私は一〇年以上有機農業をやりたいという人の相談を受けてきましたが、このところ慣行農業から転換したいという方の相談が増えてきました。たとえば、「実家の慣行農業を自分が継ぐにあたって、有機でやりたい」というように。土地も機械も施設もあって、長年手伝ってきたので栽培の知識もある。非農家から就農する人から見ると、うらやましい状況からの出発です。有機農業の存在と魅力を知った慣行農家が少しずつ入ってきているということは、有機農業がかなり社会で認識されてきたからという実感があります。

谷口　転換参入の人が有機農業に取り組みたいというのは、ただ単に売れるからとかではないと思うんですよね。吉野さん、その辺もう少し補足してもらっていいですか。

吉野　化学肥料で土地がやせたことが気になっていたことが有機農業の入口になったという方がいました。土壌を改善できるうえ、慣行農業の米の値段は安すぎるが、「有機農業なら米で生活できる農業があるかもしれない。作って喜ぶ人がいるならやりたい」と意欲が出てきたそうです。新しい農法で米を作っていたら、近所の人が興味津々で何人も見に来たそうなので、彼の住む地域で有機農業に興味をもつ人が増えるかもしれません。これも「社会化」といえるのかも。

谷口　言葉になかなかできないところに鍵があるような気がします。「経営難だから有機農業をやる」とも説明できるし、「米価が安いから有機農業をやる」とも説明できるけど、それだけでは言い尽くせないものがある。

茨城の有機農家に視察に行ったことがあるのですが、そこの息子さんが病害虫を天敵生物で駆除するという実験を始めていました。ものすごく手間がかかるというんです。毎日見に行って、虫の数を数えたりして。周りの農家から「よくやってるな。大変だろ」と言われるけど、彼は「すごく楽しいです」と言うんですね。ある人にとっては苦労が多くて大変な有機農業なのに、やっているとすごく面白いものがある。それは「社会化」とはいえないかもしれないけど、経済の論理ともいえないものがある。

藤田　私の住んでいる地域では、県が農業技術を普及する場合、「農家は考える必要がないんだ。自分たちが出したやり方をやってくれればいい」という発想なんですよね。そこに楽しみも何もないわけです。種をまき、農薬をまき、次は何をして、何をしてという形で、目標とする収穫物は一応できる。そこに工夫も何も求めない。言われたことをしてもらえればそれでいいんだと。確かに省力化という一面はありますが、こういう面白くない農業にしてしまった。

そこで田んぼの生きもの調査を農家が行うことで、田んぼの見方が変わってきた。農薬をかけるかどうかを農家自身が判断して栽培することに、一つの大きな生きがいがあると思うんですよね。

吉野　米を作っていたNPOの人たちと、田んぼの生きもの調査をしたときのことです。高齢の地主さんが田んぼの世話をしていた時期は機械を使っていたそうですが、借りたNPOはすべて手作業で米を作っていました。私たちが調査を終えて、その日見つけた生きものを見ていたら地主さんがやってきて、「おお、お前まだおったのか」と虫に呼びかけていたんですよ。機械や農薬を使う以前には年中見かけたけれど、田んぼの生きものに出会うチャンスがなくなっていたわけです。それが久しぶりに出会って、うれしそうに呼びかけている姿がとてもよかったですよ。

西川　虫に呼びかけるような感覚を残している農家が減っていくなかで、「社会化」にどう取り組んでいくか。みどり戦略を目標ではなくプロセスとして捉えて、「社会化」の一つの方法として利用していくことはできると思います。

たとえば、有機の地産地消の給食というのは、子どもたちを巻き込めます。私は第8章では、「あまり制度化しすぎると危ない」ということをいっていますが、関わっている人たちが戦略的に利用するのであれば、その懸念は克服できるでしょう。学校給食の食材を作る田んぼで子どもたちが生きもの調査をし、自分たちで育てたものを食べることを経験する。その子たちがすべて有機を志向するわけではないと思いますが、将来への種まきをしておくことを、みどり戦略は公に認めてくれたわけです。

でも一八歳一九歳の一般的な大学生の教育に携わっている立場からいうと、彼らは食にほとんど興味がなく、ましてや有機農業や農産物なんて関係ない。手強いです。有機農業に関わっている方が、たとえば消費者交流とかで田植えの体験とかをしていますが、そこに来る子どもたちは親もそういう生活をしているから、有機農産物とか生きものを楽しむことも経験しています。一般の大学生というのは、ほとんどそういうことをやってないし、興味もない。そういう意味では、いすみ市などが、小学校の給食で取り組んだことは画期的でしょう。

ただ、繰り返しになりますが、つくり上げた人たちが世代交代していくときに、形だけが残ると魂がなくなってしまう。有機農業が生きものと人間、自然と人間の交流に根差したものであるということが忘れ去られてしまう。そこは常に注意していかなければいけないかなと思います。

「有機農業の社会化」の課題

長谷川　取り上げた四つの地域、すばらしいですよね。西川さんが懸念することも含めて、四事例のように時間をかけて広げていけたらいいと思います。しかしながら世界情勢は危機的で、自分の見立てではあまり猶予がないですね。

二つのシナリオがあって、一つは食料危機になって社会が大混乱していろんなものを奪い合うという醜い争い。最悪は戦争、紛争です。もう一つは人のつながりによって、災害が起きても助け合って復旧していくシナリオ。日本でも災害ボランティアが広がりましたね。危機的な状況が起きても、人のつながりをもって、みんなで助け合って生きていき、いい方向に転換できると。

西川　今回の研究の四つの事例で、「産業化」ではない「社会化」の具体例を明らかにできたなと思っています。ただ、さらに展開して持続させていこうとしたときに、政策とか行政に頼りすぎることが心配だということを、第8章では書いています。ボトムアップで行おうとしてきたものが政策に取り入れられると、売上高とかそういう産業的な指標と親和性をもって、そちらが独り歩きしてしまう。そこを支えている人たちの自発性とか人づくりの部分が忘れ去られてしまう。そこが「社会化」においてもすごく心配だなということがあります。

一方で、せっかくみどり戦略が今あるので、この追い風を利用しない手はないと思います。農家の人たちは行政から言われてきた通りにやってきて労働生産性を上げてきた。土地生産性を長い目で見たら、絶対に有機農業のほうがいいのに。それを考えたときに、農家が自分たちで判断する自律性が重要で、そのことに消費者がどこまで連帯していけるのかが「社会化」の継続の決め手でしょう。消費者が農業や農というものをどう理解するかというところに「社会化」の視点、狙いというものを定めていかないと、「社会化」というのは広がらない。「社会の有機農業化」がなかなか難しいのかなと、そんなことを私の章では書いています。

藤田　感性に訴えるものをきちんと整理していかないと、先ほど西川さんが言われたように、世代や担当者が代われば形だけになり、その次にまた代われば、「めんどくさいからやめとけ」と言われるようになると思います。みどり戦略自体が二〇五〇年のどんな世界になるかわからない先を目指したものなので。今私たちが一番大切にしなければいけないことをそのときになっても伝えてもらえるように整理しておく必要があるのかなという気がしますね。有機農業とはいったい何なのか、何のために「有機農業を社会化」するのか。「そんなので食っていけるのか」と言われようが、本来はこうあるべきなんだと。「産業化」が進んでも、戻るところはここですよと。頭打ちになってもここからもう一度スタートできますよときちんと伝えておかなければいけない。私たちが自然というものをどう捉えていくのかということにもつながると思います。

長谷川　科学雑誌『Nature Food』によると、インドとパキスタンが局地核戦争を起こしたら世界で一番死ぬ国民は日本人だそうですよ。人口が一億人いて、カロリーベースの自給率が五〇％切っているのは日本しかないですから。危機感をあおられもしますけど、何といっても農的な暮らしというのは、一人ひとりを幸せにします。

この間、アジア太平洋資料センターの白石孝さんが視察に来られて、お話をお聞きしました。彼は四歳から八歳まで自給自足生活を叩き込まれて、それを昨日のことのように覚えているそうです。だから、薪(まき)割りも水汲みも、一通りできる。その話を思い出して、さっきの西川さんの子どもたちの教育のお話に本当に目を開かされました。幼少期に自然から恵みをいただいて持続可能に生きていけるんだということを教えてもらったと。ひもじかったとネガティブに捉える方もいますよね。だけど白石さんはすごくポジティブで、毎日が楽しくて仕方なかった。今やれと言われても、すぐにできるそうです。

谷口　西川さんがおっしゃった「学生が農業に関心がない」という話ですが、これは私の言葉でいうと「農と食の間に見えない大きな壁がある」ということになります。この座談会の議論が理解できる人間は今の日本では圧倒的少数で、ほとんどの人は農と無関係に暮らしているという現実をどうやって突破するかという問題です。みどり戦略を本当に実現するためには、消費者の無知と無理解という壁を突破しなければなりませんが、具体的な突破口はまだ見えていないような感じがします。先ほど教育の重要性や、感性に訴えるという話も出ましたが、それだけでいいのか。まだ議論しなければならない問題があるのではないか。

長谷川さんのおっしゃった「暮らしのなかに農を取り戻す」ということは、行政がみどり戦略を進めていくというのとは別に、自分の暮らしのなかに農を取り入れるということをみんながやっていけばもっとインパクトがあるという話だと理解しました。この議論ももっと深める必要があると思います。

吉野　谷口さんから「農と食の壁」についてお話がありましたが、私自身も農業にまったく興味がない消費者でした。食べることには興味があって、有機野菜や米を食べたくて有機宅配の会員になりましたが、畑や田んぼにはまったく魅力を感じなかった。でも、あるとき見学会に行って農家の話を聞きながら収穫をしたら、「なんて面白いんだろう」と感じました。畑で農の面白さに触れたことが、今私がやっていることすべての入口です。「農業はこんなに面白いんだよ」と教えてもらって有機農業の世界に入ってきたので、教育の重要性は強く感じます。

おわりに

西川　私は四つの地域をモデルとするという考え方はしないほうがいいと思いました。これらの事例は「社会化」の参照軸になると思いますが、それを自分の文脈のなかでどう落としていくのかという考え方をしていくのが大事だと思います。成功例であることは間違いないですが、そのままもってきて自分のところでやるのは難しいし、ましてや白川町のような、一人ひとりの移住者が自分たちの自由な判断のなかで、出会いがあって、環境が整えられて、有機農業に参入されているという状況の場合、これをモデルにするのはすごく難しい。でも、貴重な情報ですし、先行されている方たちの経験から学んでいくことというのは大切なので、私たちの研究でそれを言葉にして伝えていけたらいいなと思っています。

吉野　私が有機農家を支える仕事をしてきたのは、農家の人たちと話しているとたくさんの刺激も受けるし、尊敬できる存在だからです。有機農家はやることがたくさんあるので、周囲でサポートする人が絶対に必要だと感じています。新規であれば研修先を見つけ、就農するにあたっては土地探しや交渉・行政などとのやり取り、農地を借りたら土づくり・栽培。少量多品種の人は栽培技術もたくさん学ぶ必要があります。年間四〇品目から一〇〇品目くらい作りつつ、販路も探す。こんなことをすべて一人でやるのは無理だから、支える人はどうしても必要です。みどり戦略ができて、そのあたりのサポートを行政にも関わっていただけたら変わっていくのではという期待をもっています。

長谷川　農業就業人口は、集計方法が変わって単純な比較ができなくなりましたが、一二〇万人台にまで減少し、経営体数でも一〇〇万経営体以下まで減っているそうですね。一般の人にはピンとこないかもしれないですけど、日本のように非常に国土に起伏があると、とくに中山間地ではこの人数ではとても支えきれないです。しかも、平均年齢が六八歳ですから、サラリーマンでいえば退職した人が農業の大黒柱ですからね。

これまで農業をしてくれた人に、消費者や行政の皆さんが感謝をしなければ。感謝が足りません。過酷な競争のなかで、販売農家として生き残ってきた人、中山間地を兼業で支えてきた人のおかげで何とかこれだけの農業が日本に残っているんです。今後も農家数が減ることは止まりません。それで農業を一生懸命やりたい人、あるいは新規参入したい人を、吉野さんのように全力で支えないと、困るのは消費者です。

もう一つは、今回の議論には出てきませんでしたが、市民菜園などの農的暮らしというのは、自分も豊かにするけれども、食料危機などの緊急時にノウハウが活きます。行政が誰でも市民農園にアクセスできるように勧めることは、食料安全保障にもささやかながらつながっていきます。いわゆる経済ではない農業の価値だと考えたいです。

藤田 私が皆さんにまとめとして伝えたいのは、有機農業の技術には一つの答えはないということです。現場ごとに変わっていき、それぞれの畑で、自分の持っている畑でも、いろんな面で変わっていく。変化する面白さというのがあるんですね。今やっていることがベターかもしれないけれども、ベストじゃない。「来年こそはもうちょっと」と有機農家が大変なのにやめないのも、そういう面白さがあるからだと思います。

僕はみどり戦略も、スマート農業、省力化も、農家高齢化のなかで活用すべきものは活用していけばいいとは思いますが、残すべきものについて考えることも重要だと考えています。たとえば、機械でやってしまえば終わるのは早いけれど、家族で稲刈りをすることによって親も子も孫もおじいちゃんも一緒になって農作業を楽しむ時間がもてる。結果的には農の楽しみが生まれ、次世代に農業がつながっていく。機械化を進めてしまえば、子どもや孫が入る余地がないわけですよね。そうではなくて、余地を残しつつ楽しみや面白みを見出していく。

人間が歯車みたいに取り替えのできるような存在になるのではなくて「そこの畑に関しては、自分の右に出る者はいない」という自負が必要だと思います。それは、面積にかかわらず、家庭菜園的なことであっても。そうしたことによって結果的に有機農業が「社会化」していく。農法として広がっているという意味ではなく、有機農業の目指している本質が、ずっと広がっていく。そういう世界をやっぱり描きたいし、伝えていきたいなという気持ちでおります。

谷口 本書は、有機農業は日本で広がっていないという常識を覆す本になったと思います。有機農業の地域的・社会的広がりを説明する論理として「有機農業の社会化」という仮説を提案しました。この仮説はこれから練り上げていく必要がありますが、少なくとも今までにない有機農業に関する本が出来上がったと自負しています。今日の座談会はこれで終わります。長時間ありがとうございました。

二〇二二年九月二六日、オンラインにて実施

（1）集落など地縁的にまとまりのある一定の地域の農家が、農業生産を共同して行う営農活動。国が積極的に進めてきた。

おわりに

この本の中心執筆者五人をつなぐのは、もちろん「有機農業」。五人が出会ったのは「日本有機農業学会」を通じてのことだ。私以外の四人は研究者であり、この学会の理事経験者、そして谷口さんは現在会長を務めている。私はかつて事務局を担っていた。

二〇一八年に谷口さんの呼びかけでこの調査を始めたとき、メンバーは六人いた。残る一人は二〇年に亡くなった大江正章(ただあき)さんだ。大江さんも学会の理事だった。この本の出版元であるコモンズの代表で、かつ多様なジャンルの著作があり、農業ジャーナリスト賞を受賞したこともある書き手だった。こういう調査をするなら、「大江さんに声をかけるのは当然」だと誰もが思うような存在だった。

二〇一八年九月、メンバー全員が集まって調査地を決めたとき、全国各地の有機農業の現場について最新情報をもっていたのも大江さんだった。いすみ市は今でこそ有機給食の聖地のような存在になっているが、大江さんは早い時期からいすみ市の動きをキャッチして取材を重ねていた。「絶対に行くべき」という大江さんの強い推しのおかげで、私たちはまだ訪れる人も少ない時期のいすみ市を、二日がかりでじっくり視察させていただくことができた。

六人はほぼ同年代だったこともあり、修学旅行のようなノリで調査は進んだ。当然、一日の終わりにはお酒を飲みつつ、熱く語り合った。谷口さんから「みんなで長生きしようね」という言葉を聞いたことを、今改めて思い返している。

調査地についての知識はそれぞれもっていたが、現地を訪問して関わりのある方たちに、さまざまな角度からお話を伺うことで、調査前に頭のなかに描いていたイメージが再構築されていった。

以前から有機農業に取り組む地域として知られていた高畠町や臼杵市では、これまで知り得なかった歴史と新しい動き、そのなかでも変わらずに根っことなっている部分を確認することができた。一方、最近注目されているいすみ市や白川町では、課題への挑戦とその結果としての有機農業の広がりを目の当たりに実感することになった。その根底には意外と長い前史があり、取り組みをていねいに積み重ねることによって現在の姿があることも見えてきた。本としてまとめる作業を経ることで、前史の存在とその重要性を感じ取ることができ、積み重ねてきた人たちへの尊敬の念も、私のなかに醸成されていった。

調査が終盤にさしかかった二〇二〇年の春、大江さんから「肺がんが見つかった」という知らせがあった。マラソンで鍛えた体力もあるはずだから、まだ元気でいてくれると勝手に思い込んでいたが、一二月一五日に亡くなったという連絡を受けた。「みどりの食料システム戦略」の策定準備が進んでいた時期で、二一年の年初に素案が示されたのだが、その直前の時期だった。さらにいえば、大江さんは早くから有機給食に目を向けていたのだが、全国各地で有機給食実現への動きが活発化した時期でもあったから、「大江さんが今いてくれたら」と何度思ったたことか。どれほど大切な存在だったか、痛感する日々だった。

調査は大江さんが亡くなった後も続けた。コロナ禍の影響で四カ所目の臼杵市には残念なことに現地調査にうかがえず、現地に詳しい藤田さんを中心としたリモート調査となった。翌年も調査に行ける見通しが立たなかったため、現地調査に充てる予定だった予算を活用して、結果を本にまとめようと決めた。

私たちは、「本をつくるなら、コモンズから出版したい」と希望していた。それは、うれしいことに、正章さんからコモンズを引き継いだお連れ合いの大江孝子さんと、編集担当スタッフの浅田麻衣さんのおかげでかなうことになった。

いすみ市や白川町、高畠町については当初の調査から時間が経過していたために、現状の確認から始めなくてはならなかったこともあって想定していた以上に時間がかかってしまったが、コモンズのお二人が見捨てずに最後まで伴走してくださったことには、感謝しかない。

私たちの大切な仲間だった大江正章さんにこの本を読んでもらえないことは返す返すも残念だが、これからも有機農業が広がっていく様子を遠くから見守ってもらえたらという願いを込めて、あとがきとしたい。

二〇二三年一月

吉野隆子

〈著者紹介〉

たにぐちよしみつ
谷口吉光　はじめに、第Ⅰ部 第1章、第2章、第4章、第6章、第Ⅱ部 第7章、第10章
1956年生まれ。秋田県立大学地域連携・研究推進センター教授。専門：環境社会学、食と農の社会学。主著＝『「地域の食」を守り育てる――秋田発 地産地消運動の20年』（無明舎出版、2017年）。編著＝『食と農の社会学――生命と地域の視点から』（ミネルヴァ書房、2014年）。共著＝『有機農業大全――持続可能な農の技術と思想』（コモンズ、2019年）。

にしかわよしあき
西川芳昭　第Ⅰ部 第6章、第Ⅱ部 第8章、第10章
1960年生まれ。龍谷大学経済学部教授。専門：開発社会学、民際学。主著＝『食と農の知識論――種子から食卓を繋ぐ環世界をめぐって』（東信堂、2021年）。編著＝『人新世の開発原論・農学原論――内発的発展とアグロエコロジー』（農林統計出版、2022年）、『タネとヒト――生物文化多様性の視点から』（農山漁村文化協会、2022年）。

はせがわひろし
長谷川浩　第Ⅰ部 第6章、第Ⅱ部 第9章、第10章
1960年生まれ。母なる地球を守ろう研究所理事長、福島県有機農業ネットワーク理事、縮小社会研究会理事。専門：有機農業学。主著＝『食べものとエネルギーの自産自消――3.11後の持続可能な生き方』（コモンズ、2013年）。編著＝『放射能に克つ農の営み――ふくしまから希望の復興へ』（コモンズ、2012年）。主論文＝「有機食材で農薬をデトックスできる」『土と健康』492号（日本有機農業研究会、2019年）。

ふじたまさお
藤田正雄　第Ⅰ部 第5章、コラム、第6章、第Ⅱ部 第10章
1954年生まれ。NPO法人有機農業参入促進協議会理事・事務局長。専門：農耕地の土壌動物の多様性と機能、有機農業への参入支援。共著＝『有機農業の技術と考え方』（コモンズ、2010年）、『有機農業をはじめよう！――研修から営農開始まで』（コモンズ、2019年）、『有機農業大全――持続可能な農の技術と思想』（コモンズ、2019年）。

よしのたかこ
吉野隆子　第Ⅰ部 第3章、第6章、第Ⅱ部 第10章、おわりに
オーガニックファーマーズ名古屋代表、あいち有機農業推進ネットワーク副代表、NPO法人全国有機農業推進協議会理事、家族農林漁業プラットフォーム・ジャパン理事。専門：有機農業への参入支援。編著＝『有機農業でつながり、地域に寄り添って暮らす――岐阜県白川町ゆうきハートネットの歩み』（筑波書房、2021年）。共著＝『有機農業をはじめよう！――研修から営農開始まで』（コモンズ、2019年）、『半農半X――これまで・これから』（創森社、2021年）。

たにかわさつき
谷川彩月　第Ⅰ部 コラム
1990年生まれ。人間環境大学環境科学部助教。博士（社会学）。専門：環境社会学、農村社会学。主著＝『なぜ環境保全米をつくるのか――環境配慮型農法が普及するための社会的条件』（新泉社、2021年）。主論文＝「慣行農家による減農薬栽培の導入プロセス――宮城県登米市での『環境保全米』生産を事例として」『環境社会学研究』第23号（有斐閣、2017年）。

なかがわめぐみ
中川恵　第Ⅰ部 コラム
1987年生まれ。山形県立米沢女子短期大学准教授。専門：社会学。共著＝『社会運動の現在――市民社会の声』（有斐閣、2020年）。主論文＝「農家経営のもとでの有機農業の面的展開――山形県高畠町露藤集落『おきたま興農舎』の事例から」『年報村落社会研究 第55集 小農の復権』（農山漁村文化協会、2019年）。

有機農業選書刊行の言葉

二一世紀をどのような時代としていくのか。社会は大きな変革の道を模索し始めたように思われます。向かうべき方向は、農業と農村を社会の基礎にあらためて位置づけること以外にあり得ないでしょう。

有機農業はすでに七〇年余の歴史を有する在野の農業運動です。それは新たな農業のあり方を示すだけでなく、地球と人類社会のあり方に関しても自然との共生という重要な問題提起をしてきました。時代の転換が求められるいまこそ、有機農業の問いかけを社会全体が受けとめていくときです。

この有機農業選書は、有機農業についてのさまざまな知見を、わかりやすく、かつ体系的に取りまとめ、社会に提示することを目的として刊行されました。本選書の積み上げのなかから、有機農業の百科全書的世界が拓かれることをめざしていきたいと考えます。

〈有機農業選書9〉

有機農業はこうして広がった

二〇二三年二月二八日　初版発行

編著者　谷口吉光

発行所　コモンズ

東京都新宿区西早稲田二―一六―一五―五〇三

TEL　〇三(六二六五)九六一七

FAX　〇三(六二六五)九六一八

振替　〇〇一一〇―五―四〇〇一二〇

info@commonsonline.co.jp

http://www.commonsonline.co.jp

編集　浅田麻衣

組版・装丁　小林義郎

印刷・製本　加藤文明社

乱丁・落丁はお取り替えいたします。

ISBN　978-4-86187-171-9　C0036

〈好評の既刊書〉

地域を支える農協　協同のセーフティネットを創る
●高橋巌 編著　本体2200円+税

パーマカルチャー(上・下)　農的暮らしを実現するための12の原理
●デビッド・ホルムグレン 著　リック・タナカほか 訳　本体各2800円+税

農業は脳業である　困ったときもチャンスです
●古野隆雄　本体1800円+税

農家女性の社会学　農の元気は女から
●靏理恵子　本体2800円+税

幸せな牛からおいしい牛乳
●中洞正　本体1700円+税

半農半Xの種を播く　やりたい仕事も、農ある暮らしも
●塩見直紀と種まき大作戦 編著　本体1600円+税

土から平和へ　みんなで起こそう農レボリューション
●塩見直紀と種まき大作戦 編著　本体1600円+税

旅とオーガニックと幸せと　WWOOF農家とウーファーたち
●星野紀代子　本体1800円+税

放射能に克つ農の営み　ふくしまから希望の復興へ
●菅野正寿・長谷川浩 編著　本体1900円+税